中等职业教育计算机专业系列教材

Photoshop CC
TUXING TUXIANG CHULI

Photoshop CC
图形图像处理

■ 主 编 向政庆 冯德万

重庆大学出版社

内容简介

　　本书是学习 Photoshop CC 图形图像处理的综合性教程,本书共 12 个模块,分为 100 多个案例进行讲解,以案例制作的方式循序渐进解读图像基本操作、选区、图层、画笔、路径、文字、滤镜、通道、蒙版、动作等功能,深入剖析了图层、路径等软件核心功能的使用,重点讲解了色彩基础、颜色调整、照片修饰等应用技巧,涵盖了用 Photoshop CC 进行图形图像处理的基本理论知识和技能,采用先做后讲,让读者想学、愿学、乐学,既掌握实际操作技术,又系统学习相关理论知识。

　　本书适合职业院校计算机应用、数字媒体技术等相关专业的学生使用,也适合广大 Photoshop 爱好者使用。

图书在版编目（CIP）数据

Photoshop CC图形图像处理 / 向政庆, 冯德万主编
. -- 重庆 : 重庆大学出版社, 2023.6
中等职业教育计算机专业系列教材
ISBN 978-7-5689-3664-4

Ⅰ. ①P… Ⅱ. ①向… ②冯… Ⅲ. ①图像处理软件—中等专业学校—教材 Ⅳ. ①TP391.413

中国国家版本馆CIP数据核字（2023）第074259号

中等职业教育计算机专业系列教材

Photoshop CC图形图像处理

主　编　向政庆　冯德万
策划编辑：王海琼
责任编辑：王海琼　　　版式设计：王海琼
责任校对：夏　宇　　责任印制：赵　晟

───────────

重庆大学出版社出版发行
出版人：饶帮华
社址：重庆市沙坪坝区大学城西路21号
邮编：401331
电话：（023）88617190　88617185（中小学）
传真：（023）88617186　88617166
网址：http：//www.cqup.com.cn
邮箱：fxk@cqup.com.cn（营销中心）
全国新华书店经销
印刷：重庆五洲海斯特印务有限公司

───────────

开本：787mm×1092mm　1/16　印张：13.25　字数：308千
2023年6月第1版　　2023年6月第1次印刷
印数：1—3 000
ISBN 978-7-5689-3664-4　定价：58.00元

───────────

+

QIANYAN

前　言

　　Photoshop应用领域非常广泛，在平面设计、包装设计、插画设计、网页效果图设计、三维动画设计、影视广告设计等方面都有涉及。在信息时代里，软件的发展日新月异，职业教育如何能做到以不变应万变，让学生有能力去面对社会的选择？归根结底，就是要让学生学到能用、会用、实用的技能。

　　本书一改传统的手册写法，强调实用，突出实例，讲求实效，注重实战，具有以下特点：

　　●采用任务驱动模式，通过案例教学，让学生在做中学，学中做，先做后学，激发学习兴趣，让学生想学、愿学、乐学。

　　●每个模块不仅有丰富的实例讲解，还有理论提升，解决为什么学，学什么，如何学，最后通过完成实训案例制作检查学得怎么样，以便学生把技能真正学到手。

　　●突出色彩知识，学习配色技巧，通过颜色调整和照片调色，让学生明白色彩是平面设计的灵魂，从而在设计中更好地用色。

　　●本书案例的选择遵循实用的原则，讲求实效，注重实战，与社会行业对平面设计人才的需求相结合。

　　●案例编写步骤清楚，配有图解，易学易懂。配有电子素材。

　　本书以Photoshop CC 2022为教学软件，共12个模块，有100多个案例，以案例制作的方式循序渐进解读图像基本操作、选区、图层、画笔、路径、文字、滤镜、通道、蒙版、动作等功能，深入剖析了图层、路径等软件核心功能的使用，重点讲解了色彩基础、颜色调整、照片修饰等应用技巧，涵盖了用Photoshop CC进行图形图像处理的基本理论知识和技能。

　　本书采用DIY教学模式进行编写，DIY是"Do It Yourself"的英文缩写，意思是自己动手制作。本书分12个模块，每个模块又分为2~3个任务，每个任务又有2~3个案例，让读者先按步骤制作案例，在做中发现问题、反馈问题，此时老师再系统讲解相关理论知识，就不再枯燥。带着问题主动学习理论知识后再去做实训，问题就会迎刃而解，同时进一步加深了理解和记忆。

书中的许多方法都可以直接应用于实践，只要认真按照书中的实例做一遍，就能在短时间内掌握Photoshop CC的基本操作技能，熟练地应用该软件进行设计制作工作。

本书有配套教学资源供教师教学参考，需要者可到重庆大学出版社的资源网站（www.cqup.com.cn）下载。

尽管作者在本书的编写过程中付出了很多心血，但由于自身水平有限，不足之处在所难免，恳请读者和专家批评指正。联系邮箱：2051016985@qq.com。

编　者

2023年3月

MULU

目　录

模块一
Photoshop基础知识

Photoshop是由Adobe公司推出的当今非常优秀、使用面非常广的平面设计与图像处理软件之一，它凭借强大的图形图像处理功能和无限的创意空间，使设计者可以随心所欲地对图形图像进行自由创作。

学习目标

⊕ 了解Photoshop能做什么

⊕ 熟悉Photoshop CC的工作环境

⊕ 学会对图像文件进行基本操作

任务一

了解Photoshop能做什么

◆ **任务概述**

通过完成下列案例，感知Photoshop的魅力，了解Photoshop能做什么。

◆ **教学案例**

1.鲜艳玫瑰（见图1-1）

打开素材 ⟶ 完成效果

图 1-1　鲜艳玫瑰

2.炫彩激光（见图1-2）

图 1-2　炫彩激光

3.美丽枫叶（见图1-3）

图 1-3　美丽枫叶

4.双胞胎猫（见图1-4）

图 1-4　双胞胎猫

◆ **案例要点**

◎鲜艳玫瑰：转换图像模式，给玫瑰花上色。

◎炫彩激光：用滤镜特效制作炫彩激光效果。

◎美丽枫叶：用"画笔"工具绘制美丽枫叶图。

◎双胞胎猫：用"仿制图章"工具绘制双胞胎小猫。

◆ 演示案例

案例一　鲜艳玫瑰

①打开文件。打开"电子素材"/"1"/"任务一"/"案例一"文件夹中的"玫瑰素材.jpg"文件。启动Photoshop程序，将玫瑰素材文件拖入Photoshop中，也可通过菜单"文件"→"打开"文件。

②调整图像模式。标题栏上显示的是"灰色"，如图1-5所示。单击菜单"图像"→"模式"→"RGB颜色"，虽然看起来没什么变化，但标题栏已显示为"RGB"，也就是说，图像模式由灰色模式转换成了RGB色彩模式才能调色。注意：在以后的学习中要仔细辨别图像模式。

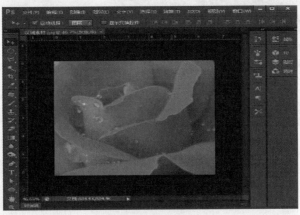

图1-5　打开玫瑰素材

③调整图像颜色。单击菜单"图像"→"调整"→"色相/饱和度"，也可按快捷键"Ctrl+U"，弹出如图1-6所示的"色相/饱和度"对话框。勾选"着色"复选框，调整色相值为"360"、饱和度的值为"100"，单击"确定"按钮，如图1-7所示的鲜艳玫瑰花效果就产生了。

图1-6　色相 / 饱和度

图1-7　鲜艳玫瑰花效果

④保存文件。单击菜单"文件"→"保存"（或按快捷键"Ctrl+S"），在弹出的对话框中设置要存储的位置（也可默认），输入文件名："鲜艳玫瑰"，单击"保存"按钮。

案例二　炫彩激光

①新建文档。单击首页界面中"新建"按钮（或单击菜单"文件"→"新建"或按"Ctrl+N"快捷键），弹出"新建文档"对话框，设置宽度和高度均为"10厘米"，分辨率为"72像素/英寸"，颜色模式为"RGB颜色"，背景内容为"白色"，如图1-8所示，单击"创建"按钮。

②填充黑色背景。按字母键"D"还原默认颜色，即前景色为黑色，背景色为白色。单击工具箱中如图1-9所示的"油漆桶"工具，将背景填充为"黑色"。

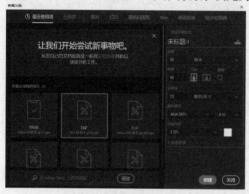

图 1-8　新建文档

图 1-9　油漆桶工具

③制作镜头光晕。单击菜单"滤镜"→"渲染"→"镜头光晕"，弹出如图1-10所示的对话框，不用调整参数，直接单击"确定"按钮，完成效果如图1-11所示。

④用极坐标扭曲。单击菜单"滤镜"→"扭曲"→"极坐标"，在弹出的对话框中不用调整参数，直接单击"确定"按钮，完成效果如图1-12所示。

图 1-10　镜头光晕窗口

图 1-11　镜头光晕

图 1-12　炫彩激光

⑤保存文件。按"Ctrl+S"键保存文件，将文件命名为"炫彩激光"。

案例三　美丽枫叶

①新建文档。单击菜单"文件"→"新建"，设置文档宽度、高度为"400像素×200像素"，分辨率为"72像素/英寸"，颜色模式为"RGB"，背景内容为"白色"。

②绘制树干和树枝。新建图层，设置前景色为"褐色"（也可自定），用大小不一的尖角画笔绘制如图1-13所示的树干和树枝。

③绘制枫叶。新建图层，设置前景色为"黄色"，背景色为"橙色"（也可选择自己喜欢的颜色），选择画笔工具，在分类中选择旧版画笔的"默认画笔"，在画笔设置属性窗口中选择如图1-14所示的"散布枫叶"，在画布中单击，即可绘制出多彩的枫叶，完成效果如图1-15所示。同学们可以尝试画笔工具的属性设置和颜色调整，画出自己喜欢的图画，有机会还可以到大自然中去观察真正的枫叶长什么样子。

图1-13　树干和树枝　　　　图1-14　选择画笔　　　　图1-15　美丽枫叶

④按"Ctrl+S"键保存文件，文件名自定。

案例四　双胞胎猫

①打开文件。单击菜单"文件"→"打开"，打开"电子素材"/"1"/"任务一"/"案例四"文件夹中"小猫素材.jpg"文件。

②绘制双胞胎小猫。在工具箱中选择如图1-16所示的"仿制图章"工具，按住"Alt"键在小猫图上单击取样，释放"Alt"键后在空白处按住鼠标左键涂抹，多次涂抹出现如图1-17所示的效果。

图1-16　仿制图章工具　　　　　　图1-17　双胞胎猫

③保存文件。细细涂抹，自己认为满意后，单击菜单"文件"→"存储为"，输入文件名："双胞胎小猫"，设置保存的格式为".jpg"，单击"保存"按钮。这样不会损坏素材文件。同学们学习了Photoshop图形图像处理软件后，就知道眼见的不一定是真实的，可以"PS"出来哟！只要同学们认真学习，技术就会越来越好。

任务二

熟悉Photoshop CC工作环境

◆ **任务概述**

本任务主要是熟悉Photoshop CC的工作环境，会使用辅助工具制作简单的图形。

◆ **教学案例**

认识Photoshop CC的默认工作区，如图1-18所示。

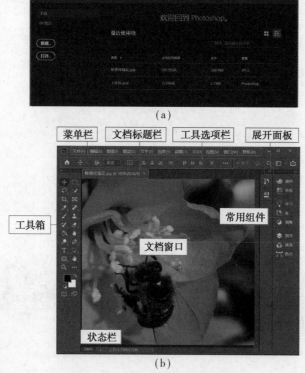

图 1-18　Photoshop CC 的默认工作区

◆ **案例要点**

◎认识Photoshop CC默认工作区的组成。

◎了解使用Photoshop的小常识。

◎了解有关布局工具的使用。

◎了解与颜色相关的知识。

◎了解图层调板。

◆ 演示案例

案例一　认识Photoshop CC的默认工作区

启动Photoshop CC软件，首页界面如图1-18（a）所示。单击"新建"或"打开"按钮后即可进入Photoshop CC工作区，如图1-18（b）所示。

如果不喜欢黑色的界面，可单击菜单"编辑"→"首选项"→"界面"，从"外观"的4种"颜色方案"中选择自己所喜欢的颜色。

下面介绍工作区界面的组成。

◎文档标题栏：显示正在编辑文档的标题和当前所在图层及文档的颜色模式。

◎菜单栏：用于组织菜单命令。

◎工具选项栏：显示当前所选工具的选项，可以通过工具选项栏对该工具进行设置。

◎常用组件：从"窗口"菜单中选中调板名称，即可显示相应的调板。

◎展开面板：单击该按钮，可展开面板或折叠为图标。

◎工具箱：存放各种工具。当鼠标指向某个工具时，Photoshop CC除了显示工具的名称外，还对工具的用途做了动态演示。

◎文档窗口：显示正在编辑的文件。

◎状态栏：用于显示当前图像的相关提示信息。

案例二　介绍使用Photoshop的小常识

◎显示折叠按钮：在工具箱上，图标右下角有小三角，说明在此有隐藏工具，按住鼠标"左键"不放或右击鼠标，可展开这些隐藏工具。

◎查看工具名称：鼠标指针放在工具上，可自动显示该工具的名称并动态提示工具的使用。

◎显示/隐藏调板：按"Shift+Tab"键，可显示或隐藏所有打开的调板、选项栏和工具箱。按"Tab"键，可显示或隐藏所有调板。

◎改变工具箱显示：单击工具箱左上角的 ◄◄ 按钮，可将工具箱改为"单列"或"双列"显示。

◎改变工具指针的显示：选择工具时，鼠标指针与工具图标相似。按"Caps Lock"键，可使工具指针以标准光标或是精确光标（+）显示。

◎增加了画板工具 ▭ 。Photoshop CC新增了画板工具，其功能主要是创建画板。点击画板工具后，用鼠标在页面上拖动，即可以创建一个新的画板。可以创建多个大小不一的画板。在绘制的画板上下左右各有一个 ⊕ 符号，单击相应方向的符号，即可在此方向复制一个相同大小的画板，此功能在设计名片等一些需要设计多个版面效果时非常方便。

◎增加了图框工具 ⊠ 。Photoshop CC新增了图框工具，其功能主要是为图像创建占位符画框。使用图框工具从其工具选项栏中选择矩形或者圆形占位符，在画布中绘制占位符形状，选中该占位符，把需要剪切的图片拖入其中，就会以剪贴蒙版效果的形式出现。

案例三　学习有关布局工具

标尺、参考线和网格，都是用来确定图形图像位置的，从而更好地布局画面。

◎标尺：单击菜单"视图"→"标尺"（或按"Ctrl+R"键），可显示或隐藏标尺。标尺分为"水平标尺"和"垂直标尺"，使用标尺可以精准地确定图像的位置。

◎参考线

创建参考线：单击菜单"视图"→"新建参考线"，可创建新参考线；从标尺向画布内拖曳鼠标，也可创建参考线。

移动参考线：将鼠标指针放到参考线上，指针变为"双箭头"，这时按住鼠标左键拖曳即可。

锁定参考线：单击菜单"视图"→"锁定参考线"（或按"Alt+Ctrl+；"键）。

清除参考线：单击菜单"视图"→"清除参考线"。同学们试试把参考线拖到标尺上，归还参考线。

◎网格：除了可用参考线确定图像位置外，还可用系统自带的网格来定位布局图像。单击菜单"视图"→"显示"→"网格"（或"Ctrl+'"键），画布将均匀地布满网格，便于合理地布局画面。试一试"Ctrl+H"键，可显示或隐藏额外内容。

案例四　了解与颜色相关的小知识

1.切换前景色与背景色

在设计时，经常要用到颜色，在Photoshop中有"前景色"和"背景色"之分，使用各种绘图工具绘制的颜色都是前景色，配上背景色可产生很多特殊效果。单击如图1-19所示的"切换颜色"按钮，可切换前景色与背景色。

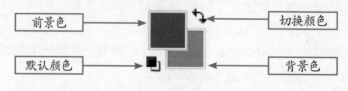

图 1-19　前景色和背景色

小技巧

◎按字母"D"键，可还原默认颜色，即黑色为前景色，白色为背景色。按"X"键，可将前景色与背景色互换。

◎填充前景色的快捷键："Alt+Delete"；填充背景色的快捷键："Ctrl+Delete"。

除了可以用快捷键填充前景色和背景色外，还可以用"填充"命令：单击菜单"编辑"→"填充"，可填充背景色、前景色或图案等，再用"油漆桶"工具填充前景色。

2.拾色器

单击工具调板中的前景色或背景色，弹出如图1-20所示的"拾色器"对话框。勾选如图1-21所示的"只有Web颜色"，将只显示网页安全颜色，颜色数量少了许多。

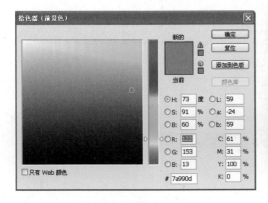 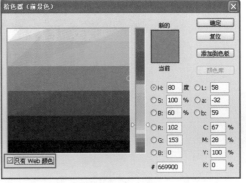

图 1-20　前景色的拾色器　　　　　　　　图 1-21　只有 Web 颜色的拾色器

3.颜色调板

显示当前的颜色值，可以使用如图1-22所示的调板中的滑块，编辑前景色或背景色。单击调板快捷菜单，选择"色轮"，可转换成如图1-23所示的色轮取色器，方便找对比色和邻近色。

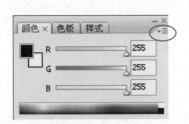 

图 1-22　颜色调板　　　　　　　　　图 1-23　色轮取色器

4."吸管"工具

使用"吸管"工具可从图像中采集色样，以指定新的前景色或背景色。

5."颜色取样器"工具

使用"颜色取样器"工具在图像上单击，最多有10个取样点，目的是测量图像中不同位置的颜色数值，在如图1-24所示的"信息"调板上可看到取样点的颜色数值，方便调节色彩。

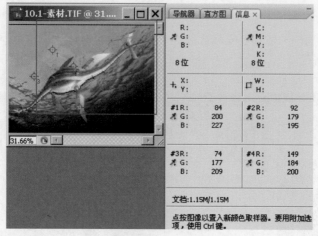

图 1-24　颜色取样

案例五　了解图层调板

单击菜单"窗口"→"图层"（或按"F7"键）打开图层调板，如图1-25所示。

①混合模式：可为当前图层设置不同的混合模式。

②不透明度：可以控制当前图层的透明度。

③图层调板菜单：单击可打开图层调板菜单。

④锁定图层控制：可控制透明区域的可编辑、移动等图层属性。

⑤填充：可以控制非图层样式部分的透明度。

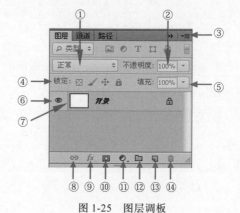

图 1-25　图层调板

⑥显示、隐藏图层图标 ：单击该按钮，可控制图层显示或隐藏。

⑦图层缩览图：显示图层上图像的缩览图。

⑧链接图层 ：按"Shift"键选择多个图层，单击此按钮，可以将所选图层链接在一起，以便进行相同的操作，如对多个图层同时进行变换操作。

⑨添加图层样式 ：单击该按钮，可为当前图层添加图层样式。

⑩添加图层蒙版 ：单击该按钮，可以为当前图层添加图层蒙版。

⑪创建新的填充或调整图层 ：单击该按钮，可以在弹出的快捷菜单中为当前图层创建填充或调整图层。

⑫创建新组 ：单击该按钮，可以新建一个图层组。

⑬创建新图层 ：单击该按钮，可以创建一个新图层。

⑭删除图层 ：单击该按钮，可删除当前图层或图层组。

相关理论

1.新建文档

单击菜单"文件"→"新建（N）…"（或按"Ctrl+N"键），打开如图1-26所示的"新建文档"对话框，设置新建文档的名称、图像文件的尺寸、分辨率、颜色模式以及背景内容等。

①名称：在此输入新建图像文档的名称，默认为"未标题-1"。

②宽度、高度：用于设置新建文档的尺寸，单位有"像素""英寸""厘米""毫米""点""派卡"等，通常使用像素或厘米。

③方向：选择纸张横向或纵向放置。

④分辨率：用于设置新建文档的分辨率，单位有"像素/英寸"和"像素/厘米"。

⑤颜色模式：用于设置新建文档使用哪种颜色模式，其中包括"位图""灰度""RGB颜色""CMYK颜色""Lab颜色"5个选项。通常使用RGB颜色模式。

⑥背景内容：用于设置新建文档的背景颜色，其中包括"白色""黑色""背景色""透明""自定义"，通常选择"白色"。若选择"背景色"，将以工具调板中的背景色作为创建文档的背景颜色。

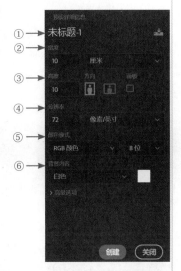

图1-26 新建文档

2.保存文件

单击菜单"文件"→"存储"（或按"Ctrl+S"键）或"文件"→"存储为"（或按"Shift+Ctrl+S"键），弹出如图1-27所示的对话框。

在保存文件时，除了设置文件保存的文件名和位置外，还要设置文件的存储格式，如图1-28所示。默认文件格式是".PSD"，即Photoshop图像文件格式，还可以根据需要保存为多种图像格式文件。下面介绍几种常用的文件格式。

图1-27 保存文件

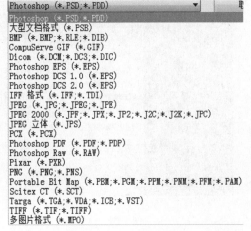

图1-28 文件格式

◎PSD（.psd）：保存所有在Photoshop中制作的文字、图层、形状等，可以再次编辑，但只能在Photoshop中打开，并且文件很大。

◎BMP位图（.bmp）：即Windows的标准图形文件格式。

◎GIF（.gif）：可存储动画，但这种格式只有256种颜色，图像颜色会失真。

◎JPEG（.jpg）：能支持上百万种颜色，适合于存储照片文件。

◎PNG（.png）：通常用于保存透明图像。

3.常用的色彩模式

色彩模式是描述色彩的一种方式，在Photoshop中有RGB颜色模式、灰度模式、索引颜色模式、CMYK颜色（四色印刷）模式等，如图1-29所示，但最常用的是RGB颜色模式。各种模式间可通过菜单"图像"→"模式"相互转换。

（1）RGB颜色模式

RGB颜色模式是工业界的一种颜色标准，是通过对红（R）、绿（G）、蓝（B）3个颜色通道的变化以及它们相互之间的叠加来得到各种各样的颜色，是目前运用最广的颜色系统之一。显示器就是采用RGB方式显示色彩的。这种模式的色彩分别用整数0~255来表示。红色的RGB值为"255、0、0"，绿色的RGB值为"0、255、0"，蓝色的RGB值为"0、0、255"，黑色的RGB值为"0、0、0"，白色的RGB值为"255、255、255"，要得到灰色只要将3个数值设为相同即可。

（2）灰度模式

灰度模式是8位深度的图像模式。$2^8=256$，在全黑和全白之间插有254个灰度等级的灰色来描绘灰度模式的图像。

（3）索引颜色模式

为了减少图像文件所占的存储空间，设计了索引颜色模式。这种模式，只能存储一个8位颜色深度的文件，将图像转换为索引颜色模式后，系统将从图像中提取256种典型的颜色作为颜色表。把图像限制成不超过256种颜色，主要是为了有效地缩减图像文件的大小，而且可以适度保持图像文件的色彩品质，很适合制作网页上的图像文件。

（4）CMYK颜色模式

CMYK颜色模式，是适合印刷的色彩模式。CMYK分别代表青、洋红、黄和黑，如图1-30所示，在印刷中代表4种颜色的油墨。CMYK颜色模式使用4个通道，包含256个亮度级。

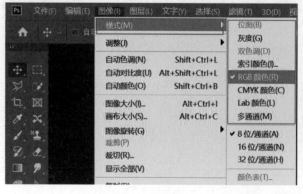

图 1-29 色彩模式

图 1-30 CMYK 颜色模式

实　训

制作红双喜

◆ **完成效果**

红双喜完成效果如图1-31所示。

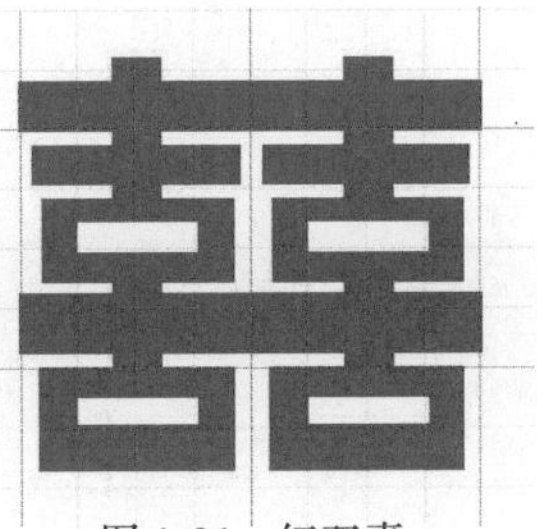

◆ **实训目的**

会新建图像文件，会用网格、参考线、选框工具作图。

◆ **技能要点**

◎新建图像文件。

◎利用网格、参考线、选区工具作图。

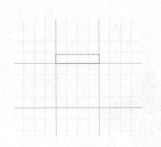

图1-31　红双喜

◆ **操作步骤**

①新建文档。单击菜单"文件"→"新建"（或按"Ctrl+N"键），设置文档宽度、高度为"800像素×800像素"，分辨率为"300像素/英寸"，颜色模式为"RGB"，背景内容为"白色"。

②显示网格。单击菜单"视图"→"显示"→"网格"。

③绘制喜字左侧轮廓。用"矩形选框工具"绘制如图1-32所示的矩形形状，选择如图1-33所示"添加到选区"选项，继续绘制矩形，得到如图1-34所示效果。切换选区模式，选择如图1-35所示"从选区减去"选项，继续绘制矩形，得到如图1-36所示效果。用同样的方法继续绘制完喜字的左侧部分，效果如图1-37所示。

④填充颜色。新建图层1，设置前景色为"红色"，按"Alt+Delete"键填充得到如图1-38所示效果。

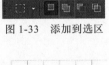

图 1-33　添加到选区

图 1-35　从选区中减去

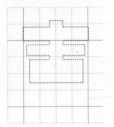

图 1-32　绘制矩形

图 1-34　添加后效果

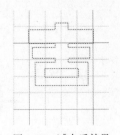

图 1-36　减去后效果

⑤复制喜字右边部分。选择"移动工具"，选取图层1，按住"Alt"键的同时，按住鼠标左键往右拖出喜字右边部分，得到效果如图1-39所示。

⑥保存文件，文件名自定。

图 1-37　喜字左侧　　　　图 1-38　填充颜色　　　　图 1-39　完成效果

◆　课后练习

（1）制作宣传画，完成效果如图1-40所示。

提示：打开"电子素材"/"1"/"作业"/"素材"文件夹中如图1-40所示的"长江.jpg"文件。在图片上添加文字："保护环境，保护母亲河！"，选择恰当的位置，设置恰当的字体、字号、颜色，然后另存为"宣传画.jpg"。

图 1-40　长江

（2）绘制如图1-41所示的标志图形。

提示：

①从中心点画正圆选区。

②在"椭圆选框"工具选项中选择"从选区中减去"。

③用"椭圆选框"工具画另一个圆的同时，按住"Space"键不放，拖曳鼠标移动选区到合适的位置。

（3）绘制如图1-42所示的四角星（选作）。

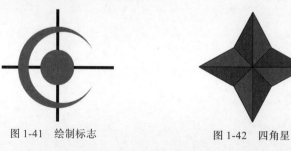

图 1-41　绘制标志　　　　　　　　图 1-42　四角星

模块二
色彩基础及色彩调整

　　在美术中常有"远看色彩近看花，先看颜色后看花，七分颜色三分花"的说法，也就是在平面设计中，色彩对视觉的刺激有非常重要的作用。因此，学习色彩的基础知识非常重要，可以让我们更好地掌握色彩的分类及配色规律，帮助我们在今后的色彩运用中做到游刃有余。

学习目标

✛　了解色彩的基础知识

✛　了解如何利用色彩的三大属性调整图像色彩

✛　学会用图像调整命令调整照片色彩

✛　掌握常见的配色与调色技巧

任务一

了解色彩的三大属性

◆ **任务概述**

通过完成下列案例，了解色彩的三大属性：色相、明度、纯度（饱和度），学会用色彩的三大属性调整图像色彩。

◆ **教学案例**

1.变色记（见图2-1）

图 2-1　变色记

2.变明亮（见图2-2）

图 2-2　变明亮

3.变鲜艳（见图2-3）

图 2-3　变鲜艳

◆　案例要点

◎变色记：调整色相。

◎变明亮：调整明度。

◎变鲜艳：增加饱和度。

◆　演示案例

案例一　变色记

①打开素材。选择菜单"文件"→"打开"，打开"电子素材"/"2"/"任务一"/"案例一"文件夹中"花花素材.jpg"，如图2-4所示。

②变色。按"Ctrl+U"键，打开如图2-5所示的"色相/饱和度"对话框，调整色相参数为"–19"。花花立刻变色，效果如图2-6所示。

图 2-4　花花素材　　　　　图 2-5　色相 / 饱和度　　　　　图 2-6　效果 1

若调整色相参数为"–60"，则效果将如图2-7所示。若调整色相参数为"–180"，则效果将如图2-8所示。

图 2-7　效果 2　　　　　图 2-8　效果 3

③改变色相就是改变颜色，在调色中非常重要。同学们，你们更喜欢哪种颜色的花花？自己调一调色，将最后结果保存到指定位置。细心的同学会发现花朵变色了，但花花的叶子也变色了，怎么做才能只改变花朵的颜色而不改变叶子的颜色呢？同学们后面将学习到这种技术。

案例二　变明亮

①打开素材。选择菜单"文件"→"打开"，打开"电子素材"/"2"/"任务一"/"案例二"文件夹中如图2-9所示"明度变化素材.jpg"文件。图像太灰暗，显然亮度不够。

②调整明度。选择菜单"窗口"→"调整"，打开"调整"调板，选择如图2-10所示的"创建新的曲线调整图层"按钮。单击该按钮后，弹出调整"曲线"对话框，将曲线调整至如图2-11所示的形状，此时图层调板如图2-12所示。于是看到图像整体调亮后的效果，如图2-13所示。

③这里为什么不用"色相/饱和度"调整明度呢？因为"创建新的曲线调整图层"并不改变原图层，而是新建了一个调整图层，如果删除该调整图层，原效果不变。

图 2-9　明度变化素材

图 2-10　"创建新的曲线调整图层"按钮

图 2-11　调整曲线

图 2-12　图层调板

图 2-13　明度变化结果

案例三　变鲜艳

①打开素材。选择菜单"文件"→"打开"，打开"电子素材"/"2"/"任务一"/"案例三"文件夹中"雨后初晴.jpg"，如图2-14所示。图像太灰暗，颜色不鲜艳。

②调整饱和度。按"Ctrl+U"键打开如图2-15所示的"色相/饱和度"对话框，将饱和度值调到"38"。图像立即变鲜艳亮丽了，效果如图2-16所示。

图 2-14　雨后初晴

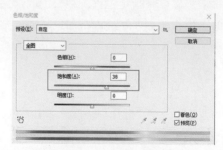
图 2-15　色相/饱和度

图 2-16　变鲜艳

③增加饱和度，实质上是提高了纯度，也就是鲜艳度。同学们试一试，将饱和度值调到"–38"，也就是降低饱和度，会看到什么效果呢？要学会反向思维，满意后保存文件。

任务二

会用图像调整命令调整照片色彩

◆ **任务概述**

通过完成下列案例，会用图像调整命令调整照片色彩。

◆ **教学案例**

1.足球照片校色（见图2-17）

图 2-17　足球校色

2.水中倒影（见图2-18）

图 2-18　水中倒影

◆ **案例要点**

◎足球照片校色：用图像调整命令中的"通道混合器"对照片进行校色。

◎水中倒影：用图像调整命令"照片滤镜"的"水下"效果和"扭曲"滤镜的"波纹"效果制作水中倒影。

◆ 演示案例

案例一　足球照片校色

①打开文件。单击菜单"文件"→"打开"，打开"电子素材"/"2"/"任务二"/"案例一"文件夹中"足球素材.jpg"文件，如图2-19所示。

②用通道混合器校正色彩。照片中的绿色偏重。单击菜单"图像"→"调整"→"通道混合器"，在如图2-20所示的输出通道中选择"绿"，将绿色调至"+80%"。完成效果如图2-21所示，色彩校正为正常颜色。

图 2-19　足球素材

图 2-20　通道混合器

③调整亮度/对比度。照片整体颜色较暗。单击菜单"图像"→"调整"→"亮度/对比度"，参数设置如图2-22所示，完成效果如图2-23所示。

图 2-21　通道混合器校正色彩

图 2-22　亮度/对比度

图 2-23　调整亮度/对比度

④按"Ctrl+S"键保存文件。

案例二　水中倒影

①打开文件。打开"电子素材"/"2"/"任务二"/"案例二"文件夹中"山水画.jpg"文件，如图2-24所示。

图 2-24　山水画

②调整画布大小。按"Ctrl+Alt+C"键打开"画布大小"对话框，如图2-25所示。宽度不变，设置高度为"18厘米"，将定位块调整至"左上角"，单击"确定"按钮，效果如图2-26所示。

图 2-25　调整画布对话框　　　　图 2-26　调整画布大小

③复制图片并垂直翻转。先用"矩形选框工具"框选图片，按"Ctrl+C"键复制图片，新建图层，按"Ctrl+V"键粘贴图片，然后单击菜单"编辑"→"变换"→"垂直翻转"，调整图像位置，如图2-27所示。

④用照片滤镜制作水中倒影效果。单击菜单"图像"→"调整"→"照片滤镜"，弹出"照片滤镜"对话框，如图2-28所示。在"滤镜"下拉列表中选择"水下"，弹出如图2-29所示的对话框，将其"浓度"调到"70%"，颜色为默认，完成效果如图2-30所示。经过照片滤镜调色后，水中倒影效果更加逼真。

⑤添加波纹滤镜效果。选择菜单"滤镜"→"扭曲"→"波纹…"设置如图2-30所示的参数，最后完成效果如图2-18所示。

图 2-27　垂直翻转图像　　　　图 2-28　照片滤镜 - 水下

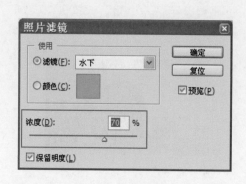

图 2-29　照片滤镜

图 2-30　波纹滤镜

⑥按"Ctrl+S"键保存文件。

任务三

学习常见的配色与调色技巧

◆ **任务概述**

通过完成下列案例，学习常见的配色与调色技巧。

◆ **教学案例**

1.网页配色（见图2-31）

图 2-31　网页配色

2.照片调色（见图2-32）

图 2-32　照片调色

◆ **案例要点**

◎网页配色：学习常见的配色技巧。

◎照片调色：学习常见的调色技巧。

◆ **演示案例**

案例一　网页配色

①新建文档。设置文档宽度、高度为"600像素×800像素"，颜色模式为"RGB"，分辨率为"72像素/英寸"，背景颜色为"白色"。

②制作网页背景。新建图层1，用"矩形选框工具"在画布顶端绘制矩形。设置前景色为"#f5588b"（粉色），背景色为"白色"，选择"渐变"工具，此时渐变编辑器如图2-33所示，在渐变类型中选择"线性渐变"，填充效果如图2-34所示。

图 2-33　渐变编辑器　　　　　图 2-34　网页背景　　　　　图 2-35　背景色块

③制作产品展示背景色块。新建图层2，选择"矩形选框工具"，设置前景色为"#f4d979"，按"Alt+Delete"键填充。按"Ctrl+J"键两次，将图层2复制两层，得到图

层2副本2、图层2副本3，将复制的图层分别填充前景色为"#fffc77"和"#fa6d64"，移动其位置得到效果如图2-35所示。

④添加甜甜圈。打开"电子素材"/"2"/"任务三"/"案例一"文件夹中的"素材1"，任选3个甜甜圈分别放在3个矩形上，完成效果如图2-36所示。

⑤删除色块外多余的甜甜圈。选择"移动工具"，按住"Ctrl"键的同时单击"图层2"，得到图层2的矩形选区，选择其上的甜甜圈图层，按"Shift+Ctrl+I"键"反向"选择，按"Delete"键即可删除色块外多余的甜甜圈。用同样的方法把其他两个色块上多余的甜甜圈删除，得到效果如图2-37所示。

⑥制作网页中部。新建图层3，选择"矩形选框工具"，绘制中部矩形，填充为"白色"，单击如图2-38所示的"添加图层样式"按钮，选择"投影"，参数默认，单击"确定"按钮后将产生阴影效果。添加素材，打开"电子素材"/"2"/"任务三"/"案例一"文件夹中的"素材2"，调整素材大小摆放到画面相应位置，完成效果如图2-39所示。

图 2-36　添加甜甜圈　　　　图 2-37　删除多余　　　　图 2-38　添加图层样式

⑦制作网页下部。新建图层4，在画面下方绘制一个矩形，填充为"橙色"或你喜欢的颜色，把"素材1"剩下的甜甜圈按图2-40所示的效果调整。

⑧添加文字。添加的文字大小、字体、颜色参数可自行设置。最终完成效果如图2-41所示，保存文件，其文件名为"美食网页.jpg"。

图 2-39　制作网页中部　　　　图 2-40　素材摆放效果　　　　图 2-41　最终效果

⑨学有余力的同学可将网页顶部和底部的色彩用变色记的方法换成自己喜欢的颜色。如图2-42—图2-44所示,这里主要用到同类色相配,这样画面协调一些,要注意多学习色彩搭配。

图 2-42　效果 2

图 2-43　效果 3

图 2-44　效果 4

案例二　照片调色

①打开素材。选择菜单"文件"→"打开",打开"电子素材"/"2"/"任务三"/"案例二"文件夹中如图2-45所示"调色素材.jpg"文件。

②复制背景图层。为了避免破坏原文件按"Ctrl+J"键,复制背景图层。也可将背景图层拖到图层调板的"创建新图层"按钮上。

③曲线调色。照片看上去灰暗、无层次,按"Ctrl+M"键,弹出"曲线"对话框,设置如图2-46所示。调整后,照片整体一下子就亮了很多,效果如图2-47所示。如果对效果不满意,按住"Alt"键可"复位"后重新操作,满意后单击"确定"按钮。

图 2-45　调色素材

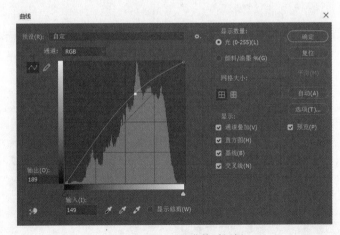
图 2-46　曲线对话框

④色阶调色。按"Ctrl+L"键,弹出"色阶"对话框,设置如图2-48所示,色彩鲜艳了许多,效果如图2-49所示。

⑤色彩平衡调色。按"Ctrl+B"键,弹出"色彩平衡"对话框,设置如图2-50所示,沙漠颜色变红了许多,效果如图2-51所示。

图 2-47　曲线效果

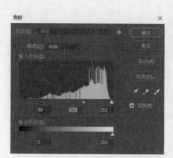

图 2-48　色阶对话框

图 2-49　色阶效果

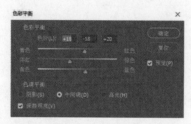

图 2-50　色彩平衡

图 2-51　色彩平衡效果

⑥色相/饱和度调色。按"Ctrl+U"键，弹出"色相/饱和度"对话框，设置如图2-52所示的"蓝色"通道的饱和度，看到天空更蓝了，效果如图2-53所示。

⑦其他调色。同学们还可根据自己的喜好调出其他颜色。如图2-54所示的彩云效果就是将"色相/饱和度"里"蓝色"通道的色相进行了调整。

⑧按"Ctrl+S"键保存文件，文件名自定。

图 2-52　色相 / 饱和度

图 2-53　色相饱和度效果

图 2-54　彩云效果

相关理论

1.色彩基础知识

（1）色彩的分类

彩色分为有彩色系和无彩色系两大类。有彩色系，即红、橙、黄、绿、青、蓝、紫，其属性有色相、明度、饱和度。无彩色系即黑、白、灰，其属性只有明度。

（2）色彩的基本概念

◎原色：色彩中不能再分解的基本色称为原色，如图2-55所示。原色能合成出其他色，而其他色不能还原出原色。三原色又可分为色光三原色和色料三原色两种。

➤色光三原色：人们眼睛看到的颜色是发光体发出的颜色，如显示器、电视机屏幕显示的颜色。这种颜色模式的三原色是红（R）、绿（G）、蓝（B），如图2-56所示。

➤色料三原色：物体本身不发光，看到的颜色是反射光产生的颜色，如报纸、杂志上的颜色。这种颜色模式的三原色是青（C）、洋红（M）、黄（Y），如图2-57所示。

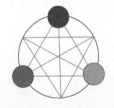
图 2-55　三原色

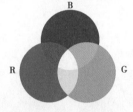
图 2-56　色光三原色

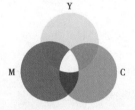
图 2-57　色料三原色

其他颜色可由这三种色按照一定的比例混合出来，如图2-58所示是色环图，包括12种不同的颜色。

◎间色：间色又称第二次色，是由两种原色调配出来的，如图2-59所示。蓝与绿混合成青色，红与蓝混合成品红，红与绿调成黄色。间色就是指青色、品红、黄色三种颜色。

图 2-58　色相环

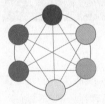
图 2-59　间色

◎复色：是由两种间色或由原色与间色混合而成，纯度降低，色彩感觉不鲜明。

◎邻近色：在色环上相邻的颜色互称为邻近色。如红色和黄色，绿色和蓝色就互称为邻近色。

（3）色彩的三大属性

色相、明度、纯度是色彩的三要素，在Photoshop中经常使用。色相即为色彩的相貌，也就是物体本身的颜色，按"Ctrl+U"键可改变色相，色相变化如图2-60所示。明度即是颜色的深浅、明暗变化差异，如图2-61所示。纯度又称为饱和度，指色彩的鲜艳度，如图2-62所示。

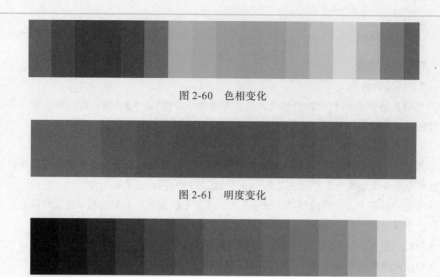

图 2-60 色相变化

图 2-61 明度变化

图 2-62 纯度变化

（4）颜色释义

◎红色：红色象征热情、活泼、热闹、温暖、吉祥、危险……它视觉冲击力强，是喜庆的颜色，如节日、祝贺、婚庆等经常要用红色，也用于医疗和警示等，如图2-63所示。红色与灰色、黑色搭配效果好。

图 2-63 红色实例

◎橙色：给人成熟、华贵、甜蜜、快乐、兴奋的感觉，能增加食欲感，常用于食品、饭店、酒吧、咖啡屋等，如图2-64所示。橙色与黄色、黄绿色等类似色搭配，效果非常好。

图 2-64 橙色实例

◎黄色：给人以光明、愉悦、权力、丰收的感觉。中国古代皇帝的专用色是黄色，黄色是权力的象征，也是一种丰收的颜色，如图2-65所示。

图 2-65　黄色实例

◎绿色：让人联想到大自然，象征环保、健康与希望。绿色对调节视力有好处，给人以宁静、平稳、安逸、柔和的感觉。绿色代表和平、希望、生命、青春，绿色食品、医药广告常用绿色，如图2-66所示。

图 2-66　绿色实例

◎青色：在色环中介于绿色和蓝色之间，它的注目性和绿色相似，比绿色显得冷静。青色清秀，应用在科技和环保类的宣传设计中比较合适，如图2-67所示。

图 2-67　青色实例

◎蓝色：让人联想到天空、海洋，给人深远、安稳、洁净的感觉。蓝色与白色混合显得淡雅漂亮。蓝色经常用于科技类企业的宣传设计，如图2-68所示。

图 2-68　蓝色实例

◎紫色：明度在有彩色系中是最低的，给人以高雅、娇艳、温柔、神秘的感觉。女性大多喜欢紫色，如化妆品、饰品、服装等方面的宣传设计通常以紫色为主色，如图2-69所示。

◎黑色：给人以稳定、成熟、沉重、恐怖的感觉，如图2-70所示。黑色一般不单独使用，与其他明度高的色彩配合能取得很好的效果。

图 2-69　紫色实例

图 2-70　黑色实例

◎灰色：给人以高雅、时尚、沉闷、寂寞的感觉。金属的光泽都有灰色，很多汽车、家电产品喜欢用灰色，如图2-71所示。灰色属中性色，有很强的调和性。

图 2-71　灰色实例

◎白色：给人以纯洁、卫生、素雅、寒冷的感觉，常联想到婚纱、白雪、白云、鸽子，如图2-72所示。与明度较低的颜色搭配效果好。

图 2-72　白色实例

（5）色彩的感觉

色彩本身并无感情，但人们通过在生活中积累的经验，对不同色彩有不同的心理感受。

◎冷暖感觉：红色、黄色、橙色等颜色给人温暖的感觉，蓝色、青色、绿色等颜色给人寒冷的感觉。红、黄、橙属暖色，蓝、青、绿属冷色，如图2-73所示。

◎轻重感觉：看图2-74，谁轻谁重？感觉深色球重，浅色球轻。为什么会有这样的感觉？那是由生活经验所得。明度高的感觉轻，明度低的则感觉重。

图 2-73　冷暖感觉

图 2-74　轻重感觉

◎远近感觉：看图2-75，谁看起来离我们远，谁看起来离我们近？在黑色背景下，蓝色显得远，黄色显得近。远和近的色彩感是由于色彩的冷暖关系作用于人的视觉感受而产生的。一般冷色给人以远的感觉，暖色则给人以近的感觉。

◎胀缩感觉：看图2-76，看起来谁的面积大，谁的面积小呢？同样的圆面，白圆面积显得大，黑圆面积显得小，灰圆次之，这样的胀与缩的感觉，是由于色彩的明度不同而在视觉上产生不同的效果。一般，胀色淡，缩色深。

图 2-75　远近感觉

图 2-76　胀缩感觉

（6）色彩的味觉感

由于人们对生活中食物的记忆，会对色彩产生味觉感，所以每种味觉有它独特的典型色彩。在平面设计的色彩搭配时，若能从心理学的角度科学地认识色彩的心理感觉，就能更好地为平面设计服务。

◎酸：酸的典型色彩如图2-77所示，联想到的食物如青葡萄、青柑橘等，如图2-78所示。

图 2-77　酸的典型色彩

图 2-78　酸的食物

◎甜：甜的典型色彩如图2-79所示，联想到的食物如西瓜、奶油等，如图2-80所示。

图 2-79　甜的典型色彩

图 2-80　甜的食物

◎苦：苦的典型色彩如图2-81所示，联想到的食物如咖啡、中药等，如图2-82所示。

图 2-81　苦的典型色彩　　　　　　　图 2-82　苦的食物

◎辣：辣的典型色彩如图2-83所示，联想到的食物如辣椒、火锅等，如图2-84所示。

图 2-83　辣的典型色彩　　　　　　　图 2-84　辣的食物

（7）常用的配色方案

◎暖色调：由红色、橙色、黄色等组成，给人温暖的感觉。暖色与黑色搭配，视觉效果较好，如图2-85所示。这种色调的运用，可呈现温馨、和煦、温暖的氛围。

◎冷色调：由蓝色、青色、绿色等组成，给人寒冷的感觉。冷色一般跟白色搭配，视觉效果较好，如图2-86所示。这种色调的运用，可呈现宁静、清凉、高雅的氛围。

图 2-85　暖色调　　　　　　　　　图 2-86　冷色调

◎对比色调：即把色性完全相反的色彩搭配在同一个空间里，能很好地强调主题，形成强烈的反差。在Photoshop中，按"Ctrl+I"键可实现反相对比。这种色彩的搭配，可以产生强烈的视觉效果，给人亮丽、鲜艳的感觉。使用时注意把握"大调和，小对比"这一个重要原则。也可在中间用中间色进行过渡，如图2-87所示。

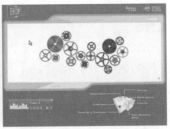

图 2-87　对比色调

◎用一种色彩：先选定一种色彩，然后调整色彩的明度、饱和度，产生新的色彩，页面看起来色彩统一，有层次感、空间感，如图2-88所示。

图 2-88　一种色彩

◎无彩色系与有彩色系搭配：如图2-89所示，黑色与绿色搭配，有动感，很时尚。

图 2-89　黑色和绿色

除上述5种配色方案外还要考虑文字的配色。底色深，文字颜色就要浅，以深色的背景衬托浅色的内容才会突出醒目；反之，底色淡，文字颜色就要深些，如图2-90所示。

图 2-90　文字与背景色

经验总结

　　配色无定则，任何颜色都可以搭配，怎样搭配色彩才漂亮，还需要在实践中不断摸索。总体来说，在进行色彩搭配时要注意整体和谐，局部对比；颜色要符合色彩搭配规律；大块的颜色不要用纯色，用色要富有层次；字体颜色和背景颜色要有对比，保证字体清晰可见。

2.图像调整命令

Photoshop CC的图像调整命令包括了调整图像色调和调整图像色彩的众多命令，由于篇幅所限，下面只介绍其中几个常用命令。

（1）色阶

色阶命令可以较精确地调整图像的中间色及对比度。单击菜单"图像"→"调整"→"色阶"（或按"Ctrl+L"键），弹出如图2-91所示的"色阶"对话框。

◎通道：不同模式的图像，通道的种类不同。

◎输入色阶：可以改变图像的高光、中间调或暗调。

◎输出色阶：向右拖动黑色滑块，使图像变亮；向左拖动白色滑块，使图像变暗。

◎自动按钮：将自动调整图像，作用等同于"自动色阶"命令。

◎选项按钮：弹出"自动颜色校正选项"对话框，可进行"算法"和目标颜色的修改。

（2）曲线

曲线命令通常用来调整照片的亮度、对比度以及纠正照片的偏色等，按"Ctrl+M"键弹出如图2-92所示的"曲线"对话框。

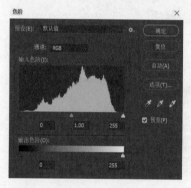

图 2-91 色阶

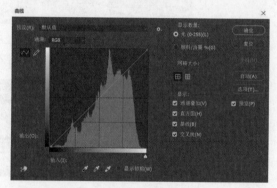

图 2-92 曲线

◎曲线工具 ：用于在调节线上添加控制点，并以曲线方向调整调节线。

◎铅笔工具 ：用于使用手绘方式在曲线调整框中绘制曲线。

◎调整框：用于显示当前对曲线所进行的修改，按住"Alt"键在该区域中单击可增加网格的显示数量，便于对图像进行精确调整。

◎调节线：拖动节点可以调整图像。在该直线上最多可以添加14个节点，也可删除节点。

◎显示条：横向显示条为图像在调整前的明暗度状态；纵向显示条为调整后的明暗度状态。

（3）色相/饱和度

色相/饱和度是专门用于调整图像颜色，按"Ctrl+U"键弹出如图2-93所示的"色相/饱和度"对话框。

◎全图：可对整幅图像进行调整，也可对其中某个通道进行调整。

◎色相：拖动滑块或输入数值，用以改变颜色的色相。

◎饱和度：拖动滑块或输入数值，可以调整饱和度。数值越大，饱和度越高，反之则越低。

◎明度：数值越大，明度越高，反之则越低。

◎着色：选择该选项，图像将被转换为当前"前景色"的色相。拖动滑块可以改变图像的色相、饱和度和明度。可以为灰色图像着色，也可做出双色调的图像效果。

（4）自然饱和度

自然饱和度也称细节饱和度，与"色相/饱和度"命令类似，可以使图片更加鲜艳或暗淡。相对来说，自然饱和度效果会更加细腻，会智能地处理图像中不够饱和的部分和忽略足够饱和的颜色，如图2-94所示。

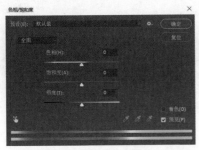

图2-93 色相/饱和度

图2-94 自然饱和度

（5）色彩平衡

色彩平衡命令可以在原色彩的基础上增加或减少其所需的颜色，按"Ctrl+B"键弹出如图2-95所示的"色彩平衡"对话框。色彩平衡命令能进行色彩校正。

◎色彩平衡：色彩校正就通过在这里的数值框输入数值或移动三角滑块来实现。

◎色调平衡：包括阴影、中间调、高光。

◎保持明度：可保持图像中的色调平衡。通常为了保持图像的明度值，都要将此选项选中。

（6）黑白命令

黑白命令通过调整图像的彩色通道来调整黑白的对比度，从而得到高清晰度的黑白照片效果。在Photoshop中打开要处理的图像，然后单击菜单"图像"→"调整"→"黑白"（或按"Ctrl+Shift+Alt+B"键），弹出如图2-96所示的"黑白"对话框。

◎预设：可以选择系统自带的多种图像处理方案，从而将图像处理成不同程度的灰度效果。

◎颜色设置：有6个滑块，分别拖动各滑块，可对原图像中对应色彩的图像进行灰度处理。

◎色调：两个色条分别代表了色相与饱和度，勾选后才可用。

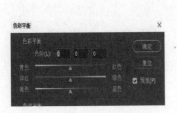

图2-95 色彩平衡

图2-96 黑白

实　训

给手机贴壁纸

◆ 完成效果

给手机贴壁纸素材如图2-97所示，完成最终效果如图2-98所示。

图 2-97　素材　　　　　　　　　图 2-98　最终效果

◆ 实训目的

能巧妙地为手机贴壁纸，同时为手机的背景配色。

◆ 技能要点

◎魔棒工具的运用。

◎拷贝图层。

◎调整图层的顺序。

◆ 操作步骤

①打开文件。打开"电子素材"/"2"/"实训"文件夹中"手机素材.png"和"背景素材.jpg"。

②变换素材。将"手机素材.png"图片拖入"背景素材.jpg"文件中，按"Ctrl+T"键自由变换并调整手机素材大小，如图2-99所示。

③选取手机画面。在图层调板中选择 "手机素材"图层，选取工具调板中"魔棒工具" ，然后在文档窗口中单击手机中间如图2-100所示的虚线区域，即可选取手机画面。

④拷贝图层。在图层调板中选择"背景"图层，鼠标在文档窗口中右击，弹出如图2-101所示的快捷菜单，选择"通过拷贝的图层"，得到图层1。在图层调板单击"背景"图层左边的眼睛图标，隐藏"背景"图层，得到如图2-102所示效果。

图 2-99 变换素材

图 2-100 选取画面范围

图 2-101 通过拷贝的图层

⑤添加背景。新建图层，前景色设置为你喜欢的灰色，按"Alt+Delete"键填充。

⑥调整图层顺序。选择"移动工具"，在图层调板中，按住鼠标左键，将灰色背景图层拖到手机素材层的底层，完成如图 2-103 所示的最终效果。

⑦保存文件。

图 2-102 效果

图 2-103 最终效果

小常识

- -

黑白灰是万能的搭配色，如果不知道怎么搭配色彩时，不妨考虑用黑白灰。

- -

◆ 课后练习

上机题

（1）色调变化练习，完成效果如图2-104所示。

提示：用色相调整色调。

图 2-104　色调变化

（2）填色练习，完成效果如图2-105所示。

提示：用吸管工具吸取给定的颜色，用油漆桶工具按色彩的明暗程度对应填色。

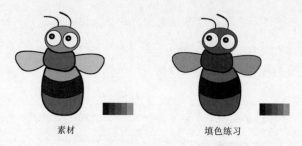

素材　　　　　　　　　　　　填色练习

图 2-105

（3）制作阴阳文字，完成效果如图2-106所示。

提示：输入的文字要栅格化，按"Ctrl"键单击文字所在的图层后，会获得文字选区，用矩形选框工具，从选区减去部分后按"Ctrl+I"键即可。为了突出效果，可新建图层后填充文字本色，调整图层的显示顺序。

图 2-106　阴阳文字

模块三
图像的基本编辑

学习Photoshop最主要的目的是要学会对图形图像进行编辑、修饰和特效处理等，其中图像的基本编辑技术显得尤其重要，如缩放图像、调整图像的尺寸、旋转画布以及用变换命令对图像进行操作等。

学习目标

⊕ 学会用变换命令编辑图像

⊕ 学会缩放图像

⊕ 学会调整图像大小

⊕ 学会调整画布大小

⊕ 学会旋转画布

任务一

会用自由变换命令编辑图像

◆ 任务概述

通过完成下列案例，掌握用"自由变换"命令编辑图像的方法与技巧。

◆ 教学案例

1.温馨的小屋（见图3-1、图3-2）

图 3-1　温馨的小屋素材 1　　　　　　　图 3-2　温馨的小屋效果

2.贴封面（见图3-3）

图 3-3　贴封面

◆ 案例要点

◎温馨的小屋：使用"自由变换"命令编辑图像，首先使用"魔棒工具"选取窗框，然后删除贴在窗框上的图像。

◎贴封面：使用"自由变换"命令制作书籍封面效果。

◆ 演示案例

案例一　温馨的小屋

①打开文件。打开"电子素材"/"3"/"任务一"/"案例一"文件夹中如图3-4、图3-5所示的"温馨的小屋素材1.jpg"和"温馨的小屋素材2.jpg"文件。

图 3-4 温馨的小屋素材 1

图 3-5 温馨的小屋素材 2

②变换素材。将"温馨的小屋素材2.jpg"图片拖入"温馨的小屋素材1.jpg"文件中，自动生成图层1，按"Ctrl+T"键，再按住"Ctrl"键的同时，用鼠标拖曳调整4个角控制点，如图3-6所示，调整好后按"Enter"键确定。

图 3-6 变换素材 2

小常识

要查看图像的细节，按"Ctrl++"键，或用导航器放大图像。

③隐藏图层1。单击背景图层，选择"魔棒工具"，其属性面板设置"添加到选区"、容差为"50"，如图3-7所示。多次单击选取如图3-8所示的窗户框架。

图 3-7 魔棒工具的属性面板

④删除窗框。显示图层1，单击图层1作为当前图层，按"Delete"键删除窗框区域的图像，好像夕阳是从窗外透进来的效果。按"Ctrl+D"键取消选区，完成效果如图3-8所示。

⑤保存文件，其文件名为"温馨的小屋.jpg"。

案例二 贴封面

①打开文件。打开"电子素材"/"3"/"任务一"/"案例二"文件夹中"素材1.png"和"素材2.psd"，将素材1拖入素材2文件中。

图 3-8 用"魔棒工具"选取窗框

②缩放素材。按"Ctrl+T"键，再按住"Alt+Shift"键的同时用鼠标左键拖动4个角上任一控制点，可从中心缩放素材，调整素材大小至如图3-9所示，按"Enter"键确认。

③变换素材。选择素材1图层，按"Ctrl+T"键，再按住"Ctrl"键的同时，用鼠标拖曳素材1的4个角如图3-10所示的其中一个控制点，再用同样的方法调整素材1的其他3个角上控制点，使素材1完全贴在书籍封面上，如图3-11所示，调整好后按"Enter"键确定。

④保存文件。

图 3-9　缩放素材　　　　图 3-10　变换素材　　　　图 3-11　完成效果

任务二

会调整画布大小、旋转画布

◆ **任务概述**

通过完成下列案例，学会调整画布大小，学会旋转画布角度。

◆ **教学案例**

1.古风画卷（见图3-12）

图 3-12　古风画卷

2.光芒四射（见图3-13）

图 3-13　光芒四射

◆ 案例要点

◎古风画卷：调整画布大小。

◎光芒四射：旋转画布和滤镜特效的应用。

◆ 演示案例

案例一 古风画卷

①打开文件。打开"电子素材"/"3"/"任务二"/"案例一"文件夹中如图3-14所示的背景素材文件。

②调整画布。单击菜单"图像"→"画布大小"，弹出如图3-15所示的"画布大小"对话框，调整画布宽度为"30"厘米，高度不变，单击"定位"右边的方块，使画布以右边中心为基准，向左扩大1倍，单击"确定"按钮，完成效果如图3-16所示。

图 3-14 背景素材

图 3-15 设置画布大小

③复制"背景"。按"Ctrl+J"键，复制"背景"得到"图层1"，选择"图层1"，单击菜单"编辑"→"变换"→"水平翻转"。

④布局画面效果。用移动工具将"图层1"拖至左侧，将画面布满。拖入"素材1""素材2""素材3"至恰当位置，完成效果如图3-17所示。

图 3-16 向左扩大画布

图 3-17 布局画面效果

⑤添加文字。打开"文字素材.txt"，按"Ctrl+A"键全选，再按"Ctrl+C"键复制，选择背景素材文件，选择"文字工具"，按"Ctrl+V"键粘贴文字。也可自己输入文字："满庭芳·碧水惊秋 秦观 碧水惊秋，黄云凝暮，败叶零乱空阶。洞房人静，斜月照徘徊。又是重阳近也，几处处，砧杵声催。西窗下，风摇翠竹，疑是故人来。 伤怀。增怅望，新欢易失，往事难猜。问篱边黄菊，知为谁开。谩道愁须殢酒，酒未醒、愁已先回。凭阑久，金波渐转，白露点苍苔。"调整文字颜色、大小和位置，完成效果如图3-12所示。

⑥保存文件，将文件命名为"古风画卷.jpg"。

案例二　光芒四射

①新建文档。设置文档宽度、高度为"600像素×300像素"，分辨率为"72像素/英寸"，颜色模式为RGB，背景内容为"黑色"。

②输入文字。用"文字工具"输入文字"光芒四射"，字号大小为"80像素"（也可按"Ctrl+T"键自由变换，再用控制块调整大小），字体为"楷体"，颜色为"白色"，如图3-18所示。

③栅格化图层。在图层调板上"右击"文字图层，弹出如图3-19所示的快捷菜单，选择"栅格化文字"命令。

图 3-18　输入文字

④极坐标滤镜特效。单击菜单"滤镜"→"扭曲"→"极坐标"，弹出如图3-20所示的"极坐标"对话框，选择"极坐标到平面坐标"项，单击"确定"按钮后的扭曲特效如图3-21所示。

图 3-19　栅格化文字　　图 3-20　"极坐标"对话框　　图 3-21　极坐标到平面坐标特效

⑤旋转画布。单击菜单"图像"→"旋转画布"→"90°（顺时针）"，效果如图3-22所示。

⑥风特效。单击菜单"滤镜"→"风格化"→"风"，弹出如图3-23所示的对话框，设置方法为"风"，方向为"从右"，完成后的效果如图3-24所示。按"Alt+Ctrl+F"键，重复刚使用过的风滤镜，效果如图3-25所示。因为风特效的方向只能左右吹，所以要旋转画布。

图 3-22　旋转画布　　图 3-23　"风"对话框　　图 3-24　风特效　　图 3-25　重复风特效

⑦旋转画布。单击菜单"图像"→"旋转画布"→"90°（逆时针）"，其效果如图3-26所示。

⑧极坐标滤镜特效。单击菜单"滤镜"→"扭曲"→"极坐标"，弹出如图3-20所示的"极坐标"对话框，选择"平面坐标到极坐标"，将文字重新还原为正常状态，效果如图3-27所示。

图 3-26　旋转画布　　　　　　　图 3-27　平面坐标到极坐标特效

⑨上色。新建图层，选择"渐变工具"，在渐变拾色器中选择"色谱"或自己喜欢的颜色，在渐变模式中选择"径向渐变"填充，将图层混合模式改为"叠加"，此时图层面板如图3-28所示，最终效果如图3-13所示。

⑩按"Ctrl+S"键保存文件。

图 3-28　图层面板

难不倒我

本案例涉及后续内容的学习，有一定难度，但只要注意关键知识点的理解就能迎刃而解。本案例的几个关键步骤顺序为：极坐标到平面坐标→顺时针旋转画布→风（从右）→逆时针旋转画布→平面坐标到极坐标。

任务三

NO.3

会裁剪图像

◆ 任务概述

通过完成下列案例，掌握图像的裁剪方法。

◆ 教学案例

1.矫正倾斜照片（见图3-29）

图 3-29　矫正倾斜照片

2.裁剪各式形状（见图3-30）

图 3-30　裁剪各式形状

◆ **案例要点**

◎矫正倾斜照片：用裁剪工具的"拉直"功能，矫正倾斜照片。

◎裁剪各式形状：用选框工具、形状工具将图像裁剪成各种形状。

◆ **演示案例**

案例一　矫正倾斜照片

①打开文件。打开"电子素材"/"3"/"任务三"/"案例一"文件夹中"倾斜照片.jpg"。

②裁剪图像。选择"裁剪工具"，单击如图3-31所示的属性栏上的"拉直"按钮，在图像上拉直线，如图3-32所示。释放鼠标后效果如图3-33所示。

图 3-31　裁剪工具的属性栏

图 3-32　拉直

图 3-33　矫正倾斜照片

③还可以对裁剪效果进行适当修改，使图像更完美，如图3-33所示。

④按"Ctrl+S"键保存文件。

小技巧

◎若要裁剪大小一样的多张图片，可单击工具属性栏上的"存储预设…"，还可以"删除预设…"。

案例二 裁剪各式形状

①打开文件。打开"电子素材"/"3"/"任务三"/"案例二"文件夹中如图3-34所示的4个文件。

图 3-34 水果素材

②用"椭圆选框工具"裁剪图像。选择图像"1.jpg"为当前工作的窗口，选择"椭圆选框工具"，选取所需的图像部分，按"Ctrl+J"键复制所选区域为新图层。隐藏背景图层，即可得到所需形状的图像，如图3-35所示。

③用"多边形工具"裁剪图像。选择图像"2.jpg"为当前工作的窗口，选择如图3-36所示的"多边形工具"，其属性栏设置如图3-37所示。

图 3-35 椭圆   图 3-36 多边形工具

图 3-37 多边形工具的属性栏

在想要的图像上画形状，此时图层调板如图3-38所示。按住"Ctrl"键的同时单击图层面板上的"形状1"，会获取所画形状的选区。按"Ctrl+J"键复制所选区域为新图层。隐藏背景图层，即可得所需形状的图像，效果如图3-39所示。

图 3-38 图层调板   图 3-39 多边形工具裁剪图像效果

小技巧

绘制形状时按住鼠标左键不放，若同时按住空格键，可随心所欲地移动形状的位置。

④用"自定义形状工具"裁剪图像。选择如图3-40所示的自定义形状工具，同学们可随意裁剪出如图3-41所示的各种形状的图像。

图 3-40 自定义形状工具   图 3-41 自定义形状工具裁剪图像效果

相关理论

通过对本模块几个案例的学习，我们知道在Photoshop中处理图像的基本过程为：先选取这个区域，然后根据需求对其进行修改。只有选取图像的一个特定部分后，才可以对该区域进行修改，而不影响图像的其他部分。

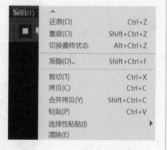

图 3-42 部分编辑菜单

1.编辑菜单

Photoshop的编辑菜单功能强大，内容丰富，这里只对如图3-42所示文件编辑部分的菜单进行介绍。

（1）还原和重做

还原和重做主要是对图像处理的过程中出现操作失误而进行的纠正。按"Ctrl+Z"键，可在还原和重做之间进行切换；按"Shift+Ctrl+Z"键，可重做操作；按"Alt+Ctrl+Z"键，可切换最终状态。

（2）剪切、拷贝、粘贴

◎剪切（或"Ctrl+X"键）：将图像中被选取的区域保存至剪贴板上，并删除原选取的图像。

◎拷贝（或"Ctrl+C"键）：将图像中被选取的区域保存至剪贴板上，原选取的图像保留。

◎合并拷贝（或"Shift+Ctrl+C"键）：主要用于图层文件。将选区中所有图层的内容复制到剪贴板上，在粘贴时，将其合并为一个图层进行粘贴。

◎粘贴（或"Ctrl+V"键）：将剪贴板上的内容粘贴到当前文件中。

◎贴入（或"Alt+Shift+Ctrl+V"键）：使用此命令时，当前图像文件中必须有选区。将剪贴板上的内容粘贴到当前图像文件的选区中，并将选区设置为图层蒙版。

◎清除：将选区中的图像删除。

2.缩放图像

（1）"视图"命令

在Photoshop中打开一幅图像，单击菜单"视图"，弹出下拉菜单，如图3-43所示有"放大""缩小""按屏幕大小缩放"和"实际像素"等缩放视图的命令。

按"Ctrl++"键可放大图像；按"Ctrl+-"键可缩小图像。

（2）缩放工具 🔍、抓手工具 ✋

缩放工具的作用是对场景放大和缩小，有放大和缩小两种模式。

抓手工具的作用是对场景中看不到的图像部分进行平移浏览。按住鼠标拖动，将平移场景。CC还增加了"旋转视图工具"。

（3）导航器调板

单击菜单"窗口"→"导航器"，打开导航器调板。拖动导航器调板下方的滑块，可以实现图像的缩放，如图3-44所示。如果移动预览窗口中的矩形框，可对场景完成平移操作，类似于抓手工具。

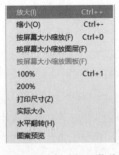

图 3-43　部分视图菜单　　　　图 3-44　导航器

小技巧

◎按住"Alt"键可以在使用缩放工具过程中，实现放大和缩小模式的互换。

◎在使用任何工具的过程中，按住空格键，可以将工具转换为抓手工具。

3.调整图像大小

（1）调整图像大小

单击菜单"图像"→"图像大小"（或按"Ctrl+Alt+I"键），弹出如图3-45所示的"图像大小"对话框，可以调整图像的像素大小、文档大小和分辨率。

图 3-45　"图像大小"对话框

（2）像素

像素是组成计算机显示器或电视机上的图像的最小显示单元。将图像放大到很大时就能看到如图3-46所示的小方块，称为像素。一幅图像包含上百万个像素，数码相机一般用百万像素来说明其拍摄图像的清晰度。

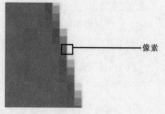

←像素

图 3-46 像素

（3）分辨率

分辨率是一种通常以每英寸的像素数、点数或线数来衡量图像输出质量的方法。分辨率的表示方法会因所使用的输出设备而不同。ppi：是指图像显示分辨率；dpi：是指设备分辨率，如显示分辨率、打印分辨率、扫描分辨率等；lpi：是指印刷分辨率。

小技巧

高分辨率主要用于印刷，通常每英寸300个像素或更多。低分辨率主要用于屏幕显示，通常每英寸100个像素。在制作网页上的图片时，一般将分辨率设置为每英寸72个像素。分辨率越高，图像越清晰，文件越大。

4.设置画布大小

单击菜单"图像"→"画布大小"（或按"Alt+Ctrl+C"键），会使画布区域变大或变小，并且在对象周围保留更多空间而不缩放实际图像的大小。若将画布大小调整为较小则可起到裁剪图像的作用。在Photoshop中有调整画布大小和调整图像大小两项功能，使得修改图像的大小变得非常容易。

5.旋转画布

单击菜单"图像"→"旋转画布"，其子菜单如图3-47所示，可指定旋转画布方向。当画布角度不符合要求时，则需要旋转画布。Photoshop CC 2022新增了一个"旋转视图工具"，该工具只是旋转了查看视图的方向，并没有旋转画布方向。

6.变换

变换是对图像或选中的对象进行如图3-48所示的缩放、旋转、斜切、扭曲、透视和变形等调整。

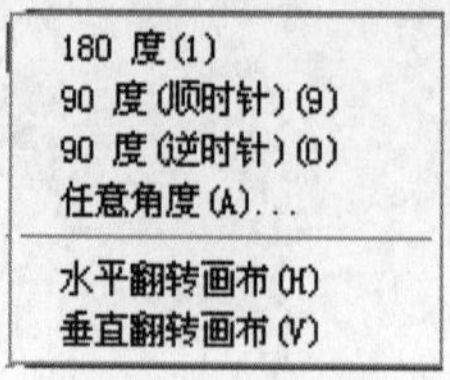

```
180 度(1)
90 度(顺时针)(9)
90 度(逆时针)(0)
任意角度(A)...

水平翻转画布(H)
垂直翻转画布(V)
```

图 3-47 旋转画布

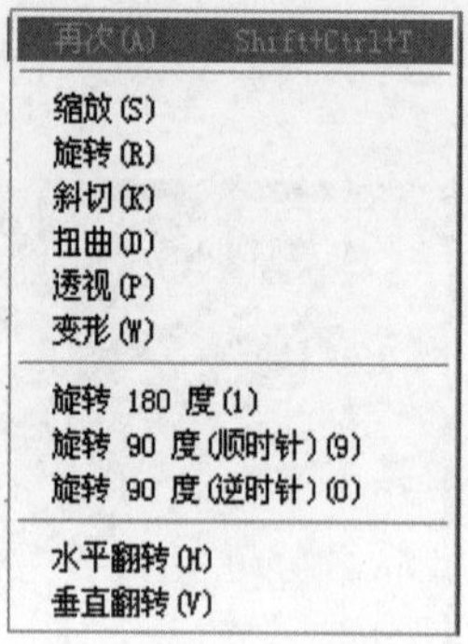

```
再次(A)          Shift+Ctrl+T

缩放(S)
旋转(R)
斜切(K)
扭曲(D)
透视(P)
变形(W)

旋转 180 度(1)
旋转 90 度(顺时针)(9)
旋转 90 度(逆时针)(0)

水平翻转(H)
垂直翻转(V)
```

图 3-48 变换

◎自由变换：单击菜单"编辑"→"自由变换"（或按"Ctrl+T"键），可以为对象进行缩放、旋转和斜切等自由变换操作。

◎变换：单击菜单"编辑"→"变换"，除了为对象应用"缩放""旋转""斜切"操作外，还允许应用"扭曲""变形""透视"等，单独移动控制点来变换图像。还可以选择预定义的角度来旋转对象、水平翻转和垂直翻转对象。各种变换效果如图3-49—图3-54所示。

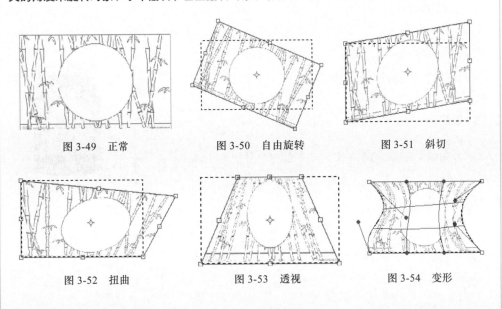

图 3-49　正常　　　　　图 3-50　自由旋转　　　　图 3-51　斜切

图 3-52　扭曲　　　　　图 3-53　透视　　　　　图 3-54　变形

注意

"变换"命令中的"旋转"是对图像或选中的对象进行操作，而"旋转画布"是对画布进行操作。

7.裁剪工具 ┗┓ 与透视裁剪工具 ▥

在使用裁剪工具时，它会直接在图像边框显示裁剪工具的按钮与参考线。当仅需要获取图像中的一部分时，可以按住鼠标左键拖曳即可，也可以按住鼠标左键画矩形区域，矩形区域的内部代表裁剪后图像保留的部分，矩形区域外的部分是将被裁剪的区域。

裁剪工具选项栏，如图3-55所示。

图 3-55　裁剪工具

裁剪工具选项栏各参数含义如下：

①宽度、高度：在此输入数值可以确定裁剪后图像的宽度、高度。

②纵向与横向旋转裁剪框：可纵向与横向旋转裁剪框。

③视图：在下拉列表框中可以选择裁剪预览视图。

④设置其他裁剪选项：可选择预览模式，设置裁剪屏蔽的颜色、不透明度等。

⑤拉直：运用"拉直"工具可以直接将倾斜的图像拉直。

"透视裁剪"工具可以裁剪透视效果。同学们可以自己尝试。

实 训

香辣酱换商标

◆ **完成效果**

香辣酱拼贴商标效果如图3-56所示。

◆ **实训目的**

掌握图像的基本编辑技术，完成后的效果如图3-56所示。

图 3-56 香辣酱

◆ **技能要点**

◎选框工具。

◎复制图层。

◎变换命令。

◎调整明度。

◆ **操作步骤**

①打开文件。打开"电子素材"/"3"/"实训"/文件夹中"香辣酱素材1.jpg"（如图3-57所示）和"香辣酱素材2.jpg"（如图3-58所示）文件。

图 3-57 香辣酱素材 1

图 3-58 香辣酱素材 2

②拖入商标图。用"移动工具"将"香辣酱素材1.jpg"拖到"香辣酱素材2.jpg"中，自动生成"图层1"，改名为"商标"。

③贴瓶子正面。隐藏"商标"图层，用"矩形选框工具"选取如图3-59所示的瓶子正面，再显示"商标"图层，如图3-60所示。选择"商标"图层为当前工作层，按"Ctrl+J"键，将选取的内容复制到新图层，此时图层调板如图3-61所示。

④贴瓶子左侧。隐藏"商标"图层，用"矩形选框工具"选取如图3-62所示的瓶子左侧。再显示"商标"图层，选择"商标"图层为当前工作层，按"Ctrl+J"键，将选取的内容复制到新图层，改名为"左侧"。选择"左侧"图层为当前工作层，选择菜单"编辑"→"变换"→"斜切"，拖动外侧控制点，调整为如图3-63所示的形状，按"Enter"键确认。

图 3-59　选取瓶子正面　图 3-60　贴瓶子正面　图 3-61　图层调板　图 3-62　选取瓶子左侧

⑤调整明暗度。按"Ctrl+U"键，在弹出的窗口中将其明度设为"–25"，如图3-64所示。用贴左侧的方法完成贴右侧。隐藏"商标"图层，完成效果如图3-65所示。

⑥按"Ctrl+S"键保存文件。

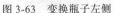
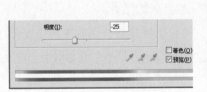

图 3-63　变换瓶子左侧　图 3-64　色相/饱和度　图 3-65　完成效果　图 3-66　添加阴影

我能行

请为本实训作细节处理，添加阴影，如图3-66所示。

◆ **课后练习**

上机题

（1）营养早餐奶包装。

用"电子素材"/"3"/"作业"/"营养早餐奶包装"文件夹中"包装侧面.jpg"和

"包装正面.jpg"文件如图3-67、图3-68所示,制作出如图3-69所示的营养早餐包装。

图 3-67　包装侧面

图 3-68　包装正面

图 3-69　营养早餐包装

（2）制作如图3-70所示的太阳花。

提示：按"Ctrl+J"键复制图层；按"Ctrl+T"键自由变换；按"Ctrl + Alt + Shift + T"键变换。

图 3-70　太阳花

图 3-71　角度 30°

图 3-72　角度 15°

（3）制作如图3-71、图3-72所示的旋转的正方形。

提示：做法与（2）基本相同,但自由变换时,调整旋转角度分别为30°和15°；调整大小时,注意水平缩放和垂直缩放的比例,即小矩形的4个点正好放到大矩形的4条边上。

模块四
选取工具与移动工具

使用Photoshop处理图像时，为了实现某种效果，首先要选取对象才能进行编辑，未被选取的区域在操作时不会改变。选区范围准确与否，将直接影响到图像编辑的效果。因此，在最短时间内进行有效的、精确的范围选取，对提高工作效率和图像质量，创作出理想的效果有非常重要的作用。

建立选取范围的方法有很多种，可以使用选框工具、"选择"菜单，还可以通过图层、通道、路径等方法创建选区。本模块学习选框工具和"选择"菜单的使用，其他方法将在后续模块中学习。

学习目标

✛ 掌握选框工具的使用

✛ 掌握套索工具的使用

✛ 掌握魔棒工具和快速选择工具的使用

✛ 熟练掌握选区的编辑与应用

任务一

掌握选区的编辑与应用

◆ **任务概述**

通过完成下列案例，掌握选区的编辑与应用，会进行选区模式转换。

◆ **教学案例**

1.球体、柱体和锥体（见图4-1—图4-3）

图 4-1　球体　　　　　图 4-2　柱体　　　　　图 4-3　锥体

2.用选区模式作图（见图4-4）

图 4-4　风景插画

◆ **案例要点**

◎球体、柱体和锥体：椭圆选框工具、矩形选框工具、渐变工具的应用。

◎使用选区模式制图：新选区、添加到选区、从选区中减去、与选区交叉的应用。

◆ **演示案例**

案例一　球体、柱体和锥体

（1）绘制球体

①新建文档。设置文档宽度、高度为"600像素×400像素"，分辨率为"72像素/英

寸"，颜色模式为"RGB"，背景内容为"白色"。

②制作球体。新建图层1，选择"椭圆选框工具"，按住"Shift"键，画一个正圆。将前景色设为"白色"，背景色设为"黑色"。选择"渐变工具"，在工具选项栏上选择"径向渐变"，按照如图4-5所示的方向，从右上向左下拖曳鼠标，完成效果如图4-6所示。

③按"Ctrl+D"键取消选区，完成效果如图4-7所示。

④按"Ctrl+S"键保存文件。

图4-5 填充渐变　　　图 4-6 填充渐变效果　　　图 4-7 取消选区

（2）绘制圆柱体

①新建文档。设置文档宽度、高度为"400像素×600像素"，分辨率为"72像素/英寸"，颜色模式为"RGB"，背景内容为"白色"。

②新建图层1，用"椭圆选框工具"画一个椭圆。选择"渐变工具"，在工具选项栏上选择"对称渐变"，按如图4-8所示的方向，从中心向外拖曳鼠标，完成效果如图4-9所示。拖曳时，若按住"Shift"键，可呈水平填充。

③制作柱体。按住"Ctrl+Alt+↑"键多次，形成如图4-10所示的柱状效果，不要取消选区。

④填充顶部。设置前景色为"灰色"，按"Alt+Delete"键填充，如图4-11所示，然后按"Ctrl+D"键取消选区。

⑤按"Ctrl+S"键保存文件。

图4-8 填充渐变　　图 4-9 填充渐变效果　　图 4-10 制作柱体

若要制作如图4-12所示的水管，将制作圆柱体的第3步改为画圆环即可，最后给圆环选区填充渐变色或纯色。

图4-11 填充顶部　　　　　图 4-12 水管

小技巧

选择椭圆选框工具画圆环时，需选择"从选区中减去"模式，按住"Alt"键和空格键，再画另一个椭圆。

（3）绘制圆锥体

①新建文档。设置文档宽度、高度为"400像素×600像素"，分辨率为"72像素/英寸"，颜色模式为"RGB"，背景内容为"白色"。

②制作柱体。新建图层1，用"矩形选框工具"画矩形选区，选择"渐变工具"，在工具选项栏上选择"对称渐变"，从中心向外拖曳鼠标，形成如图4-13所示的圆柱状。

③制作锥体。按"Ctrl+T"键进入自由变换状态，再按"Ctrl+Shift+Alt"键，同时用鼠标水平拖动左上端节点与中心节点重合，形成如图4-14所示的锥体，按"Enter"键确定。

④删除底部。用"椭圆选框工具"选中圆锥，按"Ctrl+Shift+I"键反向选取，如图4-15所示。按"Delete"键删除底部，按"Ctrl+D"键取消选区，效果如图4-3所示。

⑤按"Ctrl+S"键保存文件。

图 4-13　填充渐变

图 4-14　制作锥体

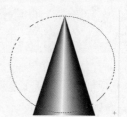
图 4-15　删除底部

小技巧

在画选区时，按住鼠标左键不放，同时按住空格键，可随心所欲地移动选区位置。确定位置后，先释放鼠标，再释放空格键。

案例二　用选区模式作图

①新建文档，设置文档宽度、高度为"40厘米×20厘米"，分辨率为"72像素/英寸"，颜色模式为"RGB"，背景内容为"白色"。

②认识选区模式。选择"椭圆选框工具"，在如图4-16所示的工具选项栏上，选区模式包括"新选区""添加到选区""从选区中减去""与选区交叉"4种。

图 4-16　选区模式

③添加到选区。选择"椭圆选框工具"，在画布左下角绘制如图4-17所示的椭圆，选择如图4-18所示的"添加到选区"模式，在旁边再画一个椭圆使之相连。

④绘制远山。新建图层，设置前景色为"#69c8b3"，按"Alt+Delete"键填充得到效果如图4-19所示。按"Ctrl+D"键取消选择，用同样的方式再绘制几座山，设置前景色分别为"#c3fff2""#94dccc"，分别新建图层并填充，调整图层顺序得到如图4-20所示的效果，看起来有层叠效果。

图4-17　绘制椭圆　　　图4-18　添加到选区　　　图4-19　绘制远山　　　图4-20　层叠效果

⑤绘制地面背景。在画布底部绘制椭圆，设置前景色为"#7f6e45"，新建图层，按"Alt+Delete"键填充，按"Ctrl+D"键取消选择，完成地面背景效果，如图4-21所示。

⑥绘制云朵。新建图层，选择"椭圆选框工具"，在画布上画一个圆，选择"添加到选区"模式，在画好的圆旁边再绘制两个圆形，得到如图4-22所示的效果，设置前景色为"#aae9ff"，按"Alt+Delete"键填充，按"Ctrl+D"键取消选择。用同样的方式再添几朵云，按"Ctrl+T"键调整大小，丰富画面效果，完成效果如图4-23所示。

图4-21　地面背景效果　　　图4-22　绘制云朵　　　图4-23　云朵效果

⑦绘制彩虹。新建图层，选择"椭圆选框工具"，按住"Shift"键同时拖动鼠标画一个正圆，填充前景色为"#ffe863"。新建图层，绘制正圆，设置前景色为"#ffe863"，按"Ctrl+T"键调整大小，按住"Alt+Shift"键同时拖动鼠标，可从中心点等比缩放图像，得到如图4-24所示的效果。用同样的方法完成彩虹制作，分别填充"#ff8063""#ceff63""#ffb579"，最后得到如图4-25所示的彩虹效果。按住"Shift"键选择所有彩虹图层，按"Ctrl+G"键合并成组。调整顺序，把彩虹放到山后面得到如图4-26所示的效果。

⑧按"Ctrl+S"键保存文件，将文件命名为"风景画背景"。

图4-24　绘制彩虹　　　图4-25　彩虹效果　　　图4-26　风景画背景

任务二

会用套索工具选取图像

◆ 任务概述

通过完成下列案例，掌握套索工具的使用，并能运用套索工具抠图。

◆ 教学案例

1.风景插画（见图4-27）

图 4-27　风景插画

2.巧换布料（见图4-28—图4-30）

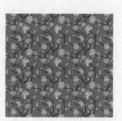

图 4-28　素材　　　　　　图 4-29　布　　　　　图 4-30　巧换布料

◆ 案例要点

◎风景插画：套索工具的应用，会放大、缩小图像进行细节选取。

◎巧换布料：选取工具的使用，会贴入图像，会改变图层模式。

◆ 演示案例

案例一　风景插画

①打开文件。打开如图4-31所示"风景画背景"文件和如图4-32所示"热气球素材"文件。

②使用套索工具抠图。可以使用"磁性套索工具"在热气球的边缘拖动鼠标，也可以单击鼠标，会添加很多锚点，按"Ctrl＋＋"键可放大图像进行细微选取，按"Ctrl＋−"键可缩小图像显示。最后得到一个如图4-33所示的封闭的热气球选区，按"Ctrl+J"键复制图层。再使用"多边形套索工具"选取热气球底部的天空部分，删除如图4-34所示的多余部分。

图 4-31 风景画背景   图 4-32 热气球   图 4-33 选取气球   图 4-34 选取多余部分

③合成图像。用"移动工具"将热气球拖入"风景画背景"文件中，调整其大小和位置。按"Ctrl+J"键再复制一层热气球，得到热气球副本图层，调整热气球副本图层的色相饱和度如图4-35所示，调整其大小和位置，合成图像效果如图4-36所示。

图 4-35 色相饱和度   图 4-36 合成图像   图 4-37 房子素材

④导入房子素材。打开如图4-37所示"房子素材"文件，同学们自己想办法将房子选取并拖入"风景画背景"文件中，调整其大小和位置。也可随意添加小树和飞鸟，完成效果如图4-27所示。

⑤保存文件，文件名存为"风景插画"。

小技巧

◎在使用磁性套索工具选取图像时，可以自动添加锚点，也可以单击鼠标，人为地增加锚点。按"Delete"键可删除不要的或错误的锚点。

◎在使用套索工具选取图像时，可按"＋"键放大图像进行精确选取，按"−"键可缩小图像。

◎在使用套索工具选取图像时，如果要在任意位置闭合选区，双击鼠标即可。

案例二　巧换布料

①打开文件。打开"电子素材"/"4"/"任务二"/"案例二"文件夹中"巧换布料素材.jpg"和"布.jpg"文件。

②换布料。用"快速选择工具"选取如图4-38所示的衣服部分。选择"布.jpg"文件，按"Ctrl+A"键全选图像，按"Ctrl+C"键复制图像。选择"巧换布料素材.jpg"文件，单击菜单"编辑"→"贴入"，按"Ctrl+T"键自由变换调整花布大小，这样衣服布就换好了，如图4-39所示，但显得比较呆板。将衣服层的图层混合模式设为如图4-40所示的"正片叠底"，效果如图4-41所示。

图 4-38　选取衣服　　图 4-39　贴入花布　　图 4-40　设置图层模式　　图 4-41　正片叠底

③试一试另一种方法：将"布.jpg"文件拖入打开的"巧换布料素材.jpg"文件中，将图层混合模式设为"叠加"，效果跃然纸上。

④单击菜单"文件"→"存储为"，将文件命名为"巧换布料.jpg"。

小技巧

◎使用套索工具和多边套索工具时，按住"Alt"键，可在多边套索工具与自由绘制方式之间切换。

◎使用磁性套索工具时，按住"Alt"键，可在3种方式之间切换。

◎使用多边套索工具时，若按"Shift"键，可按水平、垂直、45°方向选取线段。

任务三

NO.3

会使用移动工具

◆ 任务概述

通过完成下列案例，掌握色彩范围选取图像的方法，会对选区进行羽化操作，会使用移动工具移动和复制图像。

◆ **教学案例**

1.沙漠之绿（见图4-42—图4-44）

图4-42 绿叶   图4-43 沙漠   图4-44 沙漠之绿

2.羊头狗身（见图4-45—图4-47）

图4-45 羊   图4-46 狗   图4-47 变脸

◆ **案例要点**

◎沙漠之绿：会用色彩范围选取图像，会使用移动工具。

◎羊头狗身：会对选区进行羽化操作，制作变脸效果。

◆ **演示案例**

案例一 沙漠之绿

①打开文件。打开"电子素材"/"4"/"任务三"/"案例一"文件夹中如图4-42所示"绿叶.jpg"文件。

②用色彩范围选取图像，这种方法可选取比较复杂的图像。单击菜单"选择"→"色彩范围"，弹出如图4-48所示的对话框，此时鼠标指针变为吸管状，在绿叶上单击鼠标，可调整所见的绿叶形状。

③调整颜色容差。将如图4-49所示的窗口中的颜色容差滑块调到"200"，可立即看到清晰的绿叶形状。单击"确定"按钮后会将整个绿叶形状选中，如图4-50所示。

图 4-50　色彩范围

图 4-48　色彩范围　　　　图 4-49　调整颜色容差　　　　图 4-51　移动图像

④移动图像。打开"沙漠.jpg"文件，用"移动工具"把选择好的图像拖拽到沙漠图像中，如图4-51所示。

⑤按"Ctrl+T"键变换图像大小和位置。选择"移动工具"，按住"Alt"键拖曳鼠标可复制多个图像，调整图像的位置，完成效果如图4-44所示。

案例二　羊头狗身

①打开文件。打开"电子素材"/"4"/"案例二"文件夹中"狗.jpg"和"羊.jpg"文件。

②删除狗头。用"套索工具"选取狗头部分，然后单击菜单"选择"→"修改"→"羽化"（或按"Shift+F6"键），弹出如图4-52所示的对话框，设置羽化半径为"30像素"，其目的是使图像边缘柔和。填充白色，达到删除狗头效果，如图4-53所示。

③选取羊头。选择"羊.jpg"文件，用"椭圆选框工具"选取羊头部分，如图4-54所示。

④移动图像。用"移动工具"把选择好的图像拖曳到狗文件中，然后按"Ctrl+T"键变换图像大小和位置，如图4-55所示。

图 4-52　羽化　　　图 4-53　删除狗头　　图 4-54　选取头像　　图 4-55　移动图像

⑤修图。用"减淡工具"修饰羊头和狗身的缝合处，使缝合自然，完成效果如图4-47所示。

⑥保存文件，将文件命名为"羊头狗身.jpg"。

相关理论

通过对本模块几个案例的学习可以知道，若要创建规则选区，应使用选框工具；若要创建不规则的选区，应使用套索工具；若要创建颜色相近的选区，应使用魔棒工具或快速选择工具；若要选择比较复杂图像的选区，应使用"色彩范围"命令。

1.选框工具

选框工具包括矩形选框工具、椭圆选框工具、单行选框工具、单列选框工具4种，如图4-56所示。

（1）矩形选框工具

可以框选一个矩形区域，其工具选项栏如图4-57所示。

图 4-56　选框工具组

图 4-57　矩形选框工具的工具选项栏

①选区模式：新选区、添加到选区、从选区减去、与选区交叉。

②羽化：填充选区后，将得到边缘柔和的图像。输入的数值越大，所选择的图像边缘的柔和度越大，当执行剪切或移动时将产生朦胧的羽化效果。

③平滑边缘转换：使产生的边界较柔和、光滑、无锯齿。

④样式：有正常、固定比例、固定大小三种样式。

⑤选择并遮住：可使用该选择工具进行抠图。

（2）椭圆选框工具

可以框选一个椭圆，若按住"Shift"键，可画正圆区域，其工具选项栏与矩形选框工具相似。利用椭圆选框工具可完成如图4-58所示的设计，同学们自己动脑筋用选框工具画几个图形。

图 4-58　椭圆选框工具

（3）单行选框工具

可以选择一行，其工具选项栏与矩形选框工具相似。

（4）单列选框工具

可以选择一列，其工具选项栏与矩形选框工具相似。

2.套索工具

套索工具包括套索工具、多边形套索工具、磁性套索工具3种，如图4-59所示。

（1）套索工具

可以绘制自由形状的选区，释放鼠标即可封闭选区，如图4-60所示。

（2）多边形套索工具

单击开始创建选区，当起点和终点相接时或双击时可封闭选区，如图4-61所示。

（3）磁性套索工具

单击设置第一个点后，拖动光标，就像磁铁一样沿着要跟踪的图像边缘移动，自动添加锚点，当起点和终点相接时或双击时可封闭选区，如图4-62所示。

图 4-59　套索工具组　　图 4-60　套索工具　　图 4-61　多边形套索工具　　图 4-62　磁性套索工具

3.魔棒工具和快速选择工具

（1）魔棒工具

在如图4-63所示的工具调板的魔棒工具组中选择魔棒工具，使用魔棒工具在图片中单击某个点时，附近与它的颜色相同或相似的区域便自动进入选区，图4-64就是用魔棒工具选择背景后的效果。其工具选项栏如图4-65所示。

图 4-63　魔棒工具组　　　　　　　　　图 4-64　用魔棒工具选择背景

图 4-65　魔棒工具的工具选项栏

①选区模式：新选区、添加到选区、从选区减去、与选区交叉。

②取样点：调出画笔参数设置框，对涂抹时的画笔属性进行设置。

③容差：设置容差的目的是确定魔棒工具的颜色容差值范围。数值越大，所选取的相邻颜色越多。

④自动增强选区边缘。

⑤只对连续对象取样：选择此选项，将只选择连续的颜色区域，否则，会将容差范围内的颜色全部选中。

⑥从复合图像中进行颜色取样。

⑦选择主体：这会自动从图像最突出的对象创建选区。

⑧选择并遮住: 可使用该选择工具创建和调整选区。

小技巧

◎选取时，同时按住"Shift"键不放，可进行连续多次选取，即添加到选区。

◎选取时，同时按住"Alt"键不放，将从已有选区中减去。

◎选取时，同时按"Shift+Alt"键不放，可在已有选取范围内进行选取，只留下此次单击的区域，其他已有的选区消失，即留下与选区交叉部分。

（2）快速选择工具

使用此工具，只需要先在图像某一处单击，然后按住左键不放，向其他要选择的区域拖曳，则工具所经过的区域都会被选中，如图4-66所示，其工具选项栏如图4-67所示。

图4-66 快速选择工具的使用

图4-67 快速选择工具的工具选项栏

①选区模式：新选区、添加到选区、从选区减去。

②画笔：调出画笔参数设置框如图4-68所示，可对涂抹时的画笔属性进行设置。

③从复合图像中进行颜色取样。

④自动增强选区边缘。

⑤选择主体：这会自动从图像最突出的对象创建选区。

⑥选择并遮住: 可使用该选择工具进行抠图。

图4-68 设置画笔参数

图4-69 选择菜单

067

4."选择"菜单

除了已学到的选区工具之外，也可以使用"选择"菜单来对选区进行更多操作，如图4-69所示。

◎全部（或按"Ctrl+A"键）：选取图像中的所有区域。

◎取消选择（或按"Ctrl+D"键）：删除选定的选区。

◎重新选择（或按"Ctrl+Shift+D"键）：替换因意外而取消选择的选区。

◎反向（或按"Ctrl+Shift+I"键）：选择除已经选定的对象之外的所有对象。

◎色彩范围，即在现有选区或整个图像中选择指定的颜色或颜色子集，如图4-70所示。

◎选择并遮住（或按"Alt+Ctrl+R"键）：先选取部分图像，选择"选择并遮住"命令，弹出如图4-71所示的属性设计窗口，在视图模式中勾选"显示边缘"复选框，在边缘检测中调整"半径"，在全局调整中可以微调选区边缘与图像之间的平滑、羽化、对比度等，在输出设置中可以将调整结果输出到选区、图层蒙版、新建文件等。

图 4-70 色彩范围选取图像　　　　　　　　图 4-71 选择并遮住

◎修改。用于完成一些重要的修改，如图4-72所示。可指定边界如图4-73所示；平滑如图4-74所示；扩展和收缩如图4-75所示；羽化选区如图4-76所示。该命令是对已有选区进行操作。

◎变换选区。只对选区进行缩放、旋转、倾斜和扭曲，不会对选取内容产生影响，如图4-77所示。但若对选区进行自由变换时，选取的内容将随之改变。

◎载入选区：重新加载保存的选区。

◎储存选区：保存选定的选区，以便根据需要重复使用。

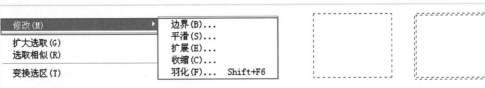

图 4-72 "选择"菜单的"修改"命令　　　图 4-73 "修改"菜单中的"边界"应用

图 4-74 "修改"菜单中的"平滑"应用　　图 4-75 "修改"菜单中的"扩展"和"收缩"应用

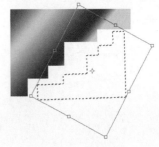

图 4-76 "修改"菜单中"羽化"应用　　　图 4-77 变换选区

5.为选区描边

"编辑"菜单中的"描边"命令，用于为选区描边，如图4-78所示。

◎宽度：在此文本框中输入数值，可确定描边线条的宽度。数值越大，线条越宽。

◎颜色：设置描边线条的颜色。

◎位置：在此可以设置描边线条相对于选择区域的位置，其中包括"内部""居中""居外"3个选项。同一选区3个位置描边后的效果如图4-79所示。

图 4-78 描边　　　　　　　　　　图 4-79 3种位置描边后的效果

◎模式：在此下拉菜单中可以选择描边时与图像之间的混合方式。

◎不透明度：设置描边时的透明属性。

6.移动工具

用移动工具可对选区内容进行移动。若无选区，可直接对所选图层进行移动，但不能移动背景图层。

XIANGGUANLILUN

实　训

手绘西瓜

◆ 完成效果

手绘西瓜最终效果如图4-80所示。

图4-80　手绘西瓜

◆ 实训目的

掌握选框工具的使用，灵活使用选框工具作图。

◆ 技能要点

◎椭圆选框工具、描边、渐变填充。

◎滤镜中的波纹特效。

◎画笔工具。

◆ 操作步骤

①新建文档。设置文件名为"西瓜"，其他默认，然后单击"确定"按钮。

②绘制西瓜外形。设置前景色为"深绿色"，用"椭圆选框工具"绘制西瓜外形，制作如图4-81所示的描边效果。

③上色。前景色设为"黄色"，背景色为"深绿色"，填充如图4-82所示的"径向渐变"。

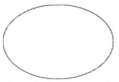

图 4-81 西瓜外框图

图 4-82 填充瓜体

图 4-83 绘制西瓜纹路

④绘制西瓜纹路。用"椭圆选框工具"在工具选项栏的"模式"中选择"从选区中减去"，绘制如图4-83所示的西瓜纹路。填充为"深绿色"，复制、变形、按"Ctrl+E"键向下合并图层。注意，不要把背景图层合并了。再复制，垂直翻转，效果如图4-84所示。

⑤制作西瓜纹路。合并除背景层外的所有图层，选择菜单"滤镜"→"扭曲"→"波纹"，弹出如图4-85所示的对话框，设置数量为"350"，大小为"中"，单击"确定"按钮后，效果如图4-86所示。

⑥删除多余的纹路。选择"魔棒工具"，单击西瓜图外的背景，单击菜单"选择"→"反向"（或按"Shift+Ctrl+I"键），选择纹路图层，按"Delete"键删除多余的纹路。

图 4-84 复制西瓜纹路

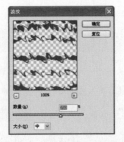
图 4-85 滤镜中的波纹特效

图 4-86 制作西瓜纹路

⑦制作立体效果。选择"魔棒工具"，单击西瓜图外的背景，单击菜单"选择"→"反向"，按"Ctrl+Shift+J"键将西瓜从背景图层中分离出来，并生成一个新的图层。用"减淡工具""加深工具"修饰明暗度，打造立体效果。用"图层样式"制作"投影"效果，就其默认参数设置。完成效果如图4-80所示。

⑧保存文件，将文件命名为"西瓜.jpg"。

我能行

制作如图4-87所示的效果图。

图 4-87 西瓜

提示：

①用椭圆选框工具制作瓜皮和瓜瓤。

②用滤镜特效中的"添加杂色"制作颗粒效果。

③用画笔点瓜子，图层混合模式设为"溶解"，改变不透明度。

◆ 课后练习

上机题

（1）制作如图4-88所示的彩色环。

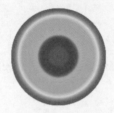

图 4-88　彩色环

（2）鲜花丛中。用"电子素材"/"4"/"作业"/"鲜花丛中"文件夹"小女孩.jpg"如图4-89所示和"鲜花.jpg"如图4-90所示，制作如图4-91所示的鲜花丛中效果。

（3）换背景。用"电子素材"/"4"/"作业"/"换背景"文件夹中"小鸟.jpg"（见图4-92）和"换背景素材.jpg"（见图4-93），制作如图4-94所示的换背景效果。

（4）给本模块案例一的球体、圆柱体和圆锥体添加投影效果。

图 4-89　小女孩　　　　　图 4-90　鲜花　　　　　图 4-91　鲜花丛中

图 4-92　小鸟　　　　　图 4-93　换背景素材　　　　　图 4-94　换背景

模块五
绘画工具与应用

　　在生活中，经常听说"绘画"这个词，通常都是指用笔在纸上进行的。本模块要学习的绘画称为数字绘画。所谓数字绘画，是指通过鼠标或绘画板，借助特定软件在计算机上直接对对象或图像进行描绘和着色。

学习目标

✛　学会使用画笔工具

✛　学会使用渐变工具和油漆桶工具

✛　学会使用历史记录画笔工具和历史记录艺术画笔工具

任务一

掌握画笔工具的使用

◆ **任务概述**

会使用替换颜色工具绘画，会载入和使用新画笔。

◆ **教学案例**

1.多变的章鱼（见图5-1）

图 5-1　多变的章鱼

2.毛毛虫的理想（见图5-2—图5-4）

图 5-2　毛毛虫　　　　图 5-3　天空　　　　图 5-4　毛毛虫的理想

◆ **案例要点**

◎多变的章鱼：用替换颜色工具，可轻松制作多种颜色的章鱼。

◎毛毛虫的理想：导入"天使的翅膀笔刷"，使用画笔工具为毛毛虫添加翅膀。

◆ **演示案例**

案例一　多变的章鱼

①打开文件。打开"电子素材"/"5"/"任务一"/"案例一"中如图5-5所示的"章鱼素材.jpg"文件。

②替换颜色。在工具调板上选择"替换颜色工具"，设置喜欢的前景色，在章鱼图上涂抹，立即用所选颜色替换当前图像中的颜色，效果如图5-6、图5-7所示。

③按"Ctrl+S"键保存文件。

图 5-5　章鱼素材

图 5-6　红色章鱼

图 5-7　蓝色章鱼

想一想

- -

　　同学们还记得前面学过的变色记案例吗？与本案例学习用替换颜色工具来变色有什么不同呢？

- -

案例二　毛毛虫的理想

　　①打开文件。打开"电子素材"/"5"/"任务一"/"案例二"中如图5-8、图5-9所示"毛毛虫.png"和"天空.jpg"图片。

　　②移动图像。选择"移动工具"，将毛毛虫拖曳到天空图像中，调整成如图5-10所示的大小和位置。单击菜单"文件"→"存储为"，取名为"毛毛虫的理想.psd"。

图 5-8　毛毛虫

图 5-9　天空

图 5-10　移动图像

　　③导入画笔。按如图5-11所示的指示，选择"导入画笔"。若不想要导入的画笔，可选择"复位画笔"。

图 5-11　导入画笔

④添加预设画笔。弹出如图5-12所示的"载入"对话框，在"查找范围"中，选择"电子素材"→"笔刷"文件夹，然后双击"天使的翅膀笔刷"，或选中所需笔刷单击"载入"按钮，就添加到如图5-13所示的画笔预设管理器中。

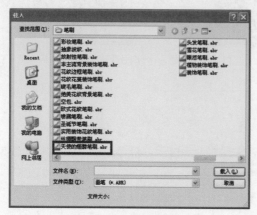
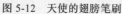

图 5-12　天使的翅膀笔刷

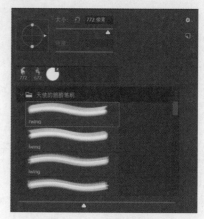

图 5-13　画笔预设管理器

⑤添加右翅膀。单击"背景"图层，新建一个图层，命名为"右翅膀"，选择"rwing"笔刷，设置前景色为"白色"，在图中恰当的位置单击，按"Ctrl+T"键调整翅膀的大小和角度，如图5-14所示。

⑥添加左翅膀。单击"右翅膀"图层，新建一个图层，命名为"左翅膀"，选择"lwing"笔刷，设置前景色为"白色"，在图中恰当的位置单击，按"Ctrl+T"键调整翅膀的大小和角度，如图5-15所示。

图 5-14　添加右翅膀

图 5-15　添加左翅膀

图 5-16　球

⑦添加图像。打开如图5-16所示的"球.png"文件，拖曳到该文件中，调整其位置，完成效果如图5-4所示。

⑧按"Ctrl+S"键保存文件。

任务二

掌握渐变工具、油漆桶工具的使用

◆ 任务概述

会使用渐变工具和油漆桶工具。

◆ 教学案例

1.水晶按钮（见图5-17、图5-18）

图 5-17 按钮一

图 5-18 按钮二

2.给简笔画上色（见图5-19、图5-20）

图 5-19 小孩素材

图 5-20 给简笔画上色

◆ 案例要点

◎水晶按钮：椭圆选框工具的应用，填充渐变。

◎给简笔画上色：油漆桶工具的应用。脸部、手和脚以及裤子部分是填充"前景色"，衣服部分是填充"图案"。

◆ 演示案例

案例一 水晶按钮

①制作球形按钮。新建文件，新建图层，按住"Shift"键，用"椭圆选框工具"画正圆，选择一种你喜欢的颜色为前景色，背景色为"白色"，勾选"渐变工具"选项栏上的"反向"，用"径向渐变"从右下向左上按住鼠标左键拖曳，如图5-21所示，注意亮

点位置。按"Ctrl+D"键取消选区。

②制作高光效果。新建图层，用"椭圆选框工具"绘制如图5-22所示的椭圆，设置前景色为"白色"，选择"渐变拾色器"中"前景到透明"的渐变色，取消对"渐变工具"选项栏上"反向"的勾选，用"线性渐变"从上往下填充。按"Ctrl+D"键取消选区，效果如图5-17所示。这种方法经常用于给物体添加高光效果，同学们可以多尝试。

③保存文件，取名为"按钮.psd"。

图 5-21　制作球形按钮　　　　图 5-22　制作高光效果

我能行

完成图5-18所示按钮二的制作。

提示：
①按"Ctrl+E"键向下图层合并，注意不要将背景层合并了。
②按住"Alt"键，用"移动工具"，拖动已完成的按钮可复制多个按钮。
③按"Ctrl+T"键自由变换，可缩放按钮的大小。
④按"Ctrl+U"键调整色相/饱和度，拖动色相滑块，可改变按钮的颜色。

案例二　给简笔画上色

①打开文件。打开"电子素材"/"5"/"任务二"/"案例二"中"小孩素材.jpg"文件，如图5-23所示。

②设置前景色为"#ffc2ad"，如图5-24所示。

图 5-23　小孩素材　　　　　　图 5-24　设置颜色值

③上色。选择"油漆桶工具"，在脸部、手以及脚部填充前景色，效果如图5-25所示。

④填充裤子部分。用同样的方法设置裤子部分的颜色为"#006ee7"，用"油漆桶工具"填充前景色，如图5-26所示。

图 5-25 填充脸、手和脚

图 5-26 填充裤子

⑤填充衣服。在"油漆桶工具"的工具选项栏上选择如图5-27所示的"图案"，然后在"图案"下拉列表中选择如图5-28所示的"鱼眼棋盘"。如果没有，可以用添加画笔的方法添加图案。在衣服部分处单击，完成效果如图5-29所示。

图 5-27 油漆桶工具的属性栏

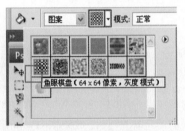
图 5-28 选择图案

图 5-29 填充衣服

⑥按"Ctrl+S"键保存文件。

任务三

掌握历史记录画笔工具的使用

◆ **任务概述**

掌握历史记录画笔工具和历史记录艺术画笔工具的使用。

◆ **教学案例**

1.一枝独秀（见图5-30）

图 5-30 一枝独秀效果对比图

2.手绘油画（见图5-31）

图 5-31　手绘油画效果对比图

◆ **案例要点**

◎一枝独秀：用"模糊"滤镜虚化背景，用历史记录画笔工具绘制清晰植物。

◎手绘油画：设置画笔属性和样式，用历史记录艺术画笔工具绘制油画效果。

◆ **演示案例**

案例一　一枝独秀

①打开素材。打开"电子素材"/"5"/"任务三"/"案例一"中如图5-32所示"植物素材.jpg"。

②虚化背景。单击菜单"滤镜"→"径向模糊"，在弹出如图5-33所示的"径向模糊"对话框中，设置数量为"99"，模糊方法为"缩放"，单击"确定"按钮后，效果如图5-34所示。

图 5-32　植物素材　　图 5-33　径向模糊　　图 5-34　虚化背景　　图 5-35　历史记录画笔　　图 5-36　一枝独秀

③一枝独秀。选择如图5-35所示的"历史记录画笔工具"，在植物中心处涂抹，即可见清晰植物。完成效果如图5-36所示。

④按"Ctrl+S"键保存文件。

小技巧

- -

单击菜单"编辑"→"首选项"→"性能"，可更改历史记录状态的步数，但会占用较大的内存空间。

- -

案例二 手绘油画

①打开素材。打开"电子素材"/"5"/"任务三"/"案例二"中如图5-37所示的"风景素材.jpg"文件。

②设置油画背景。新建图层，并填充为"白色"。

③设置画笔属性。选择"历史记录艺术画笔工具"，设置笔触为"硬边圆"并调整画笔属性，如图5-38所示。

④设置样式。在如图5-39所示的样式中，选择"绷紧短"。

⑤手绘油画。在白色画布上仔细涂抹图片，因为笔触小，效果好，同学们要保持耐性。最后得到如图5-40所示的手绘油画效果。

⑥按"Ctrl+S"键保存文件。

图 5-37 风景素材　　　图 5-38 设置画笔属性　　　图 5-39 设置样式　　　图 5-40 手绘油画

相关理论

本模块主要介绍了绘画工具的使用，要求会用绘画工具作图。绘画工具包括画笔工具、铅笔工具、替换颜色工具、混合器画笔工具、历史记录画笔工具、历史记录艺术画笔工具、渐变工具和油漆桶工具等。使用画笔工具、铅笔工具、橡皮擦工具时，单击其工具选项栏中的██图标，从对称类型中选择：垂直、水平、双轴、对角线、波纹、圆形、螺旋线、平行线、径向、曼陀罗。在绘制过程中，描边将在对称线上实时反映出来，让我们轻松创建复杂的对称图案。

1.画笔

画笔工具包括画笔工具、铅笔工具、替换颜色工具、混合器画笔工具、历史记录画笔工具和历史记录艺术画笔工具6种，如图5-41所示。

图 5-41 画笔工具

（1）画笔工具

画笔工具是绘画和修图的常用工具，选择不同的笔刷可以绘制各种图案，画笔调板和画笔预设调板如图5-42所示。

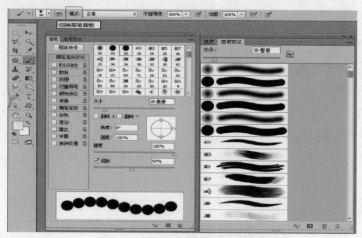

图 5-42　画笔调板和画笔预设调板

◎模式：在该下拉菜单中可以选择画笔绘画时的模式。

◎不透明度：用于设置画笔在绘画时的透明属性。数值越小，绘出的图像越透明。

◎流量：用于设置画笔画出图像的清晰度。数值越小，越不清晰。

◎载入画笔：可添加新的预设画笔。

◎复位画笔：可删除添加的画笔，将画笔预设还原为默认设置。

◎切换画笔调板。在画笔调板上，可以对画笔及其内部组件进行更多控制。

（2）铅笔工具

铅笔工具与画笔工具使用相似，不同的是铅笔工具选项栏上有"自动抹除"选项，选择它时，在使用铅笔描绘或用其他颜色填充现在区域时与橡皮擦工具的功能一样。

（3）替换颜色工具

可用前景色替换当前图像中涂抹处的颜色。

（4）历史记录画笔工具

其工作原理与橡皮擦工具相似，使用此工具可以有选择地恢复被清除、编辑的部分。

（5）历史记录艺术画笔工具

其工作原理与历史记录画笔工具相似。区别在于，历史记录艺术画笔工具不仅可以在图片上恢复编辑过的部分，同时也可以使用不同的笔触样式生成模糊、艺术效果等，图5-43就是用历史记录艺术画笔轻涂后的效果。

从"样式"下拉菜单里可以选取不同类型的选项来控制绘画的形状，有绷紧、松散、轻涂、绷紧卷曲、松散卷曲等多种形状，如图5-44所示。自己尝试画一画。

图 5-43　用历史记录艺术画笔"轻涂"

图 5-44　历史记录艺术画笔的样式

2.渐变工具

两种或多种颜色之间的逐渐过渡称为渐变。在Photoshop中，可以使用渐变工具以两种或多种颜色的渐变来填充选区或图像，渐变工具选项栏如图5-45所示。

图 5-45 渐变工具选项栏

①渐变拾色器，如图5-46所示，显示预设的渐变，也可载入其他预设渐变。
②渐变编辑器，如图5-47所示，可以创建个性化的渐变颜色。

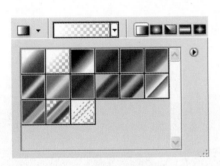

图 5-46 渐变拾色器

图 5-47 渐变编辑器

小技巧

在图5-47所示的"渐变编辑器"对话框中，在色标条上单击，可添加色标墨水瓶。按住已有的色标墨水瓶往外拖，可删除色标墨水瓶。

③5种渐变模式：线性渐变、径向渐变、角度渐变、对称渐变、菱形渐变，如图5-48所示。

线性渐变 径向渐变 角度渐变 对称渐变 菱形渐变

图 5-48 5种渐变模式

3.油漆桶工具

油漆桶工具用于将颜色填充到图像颜色相似的像素中，其工具选项栏如图5-49所示。可以设置填充前景色（见图5-50）或任何预定义图案（见图5-51），可设置填充合成方式、不透明度、颜色容差等。

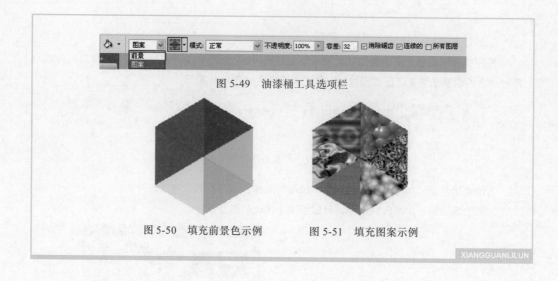

图 5-49　油漆桶工具选项栏

图 5-50　填充前景色示例　　　　图 5-51　填充图案示例

实　训

制作雨后彩虹

◆ 完成效果

制作雨后彩虹的最终效果如图5-52所示。

图 5-52　彩虹

◆ 实训目的

本实例要求掌握如何编辑渐变。

◆ 技能要点

◎编辑渐变。

◎羽化效果。

◎图层不透明度的设置。

◆ **操作步骤**

①打开素材。打开"电子素材"／"5"／"实训"文件夹中如图5-53所示"彩虹素材.jpg"文件。

②编辑渐变填充。打开"渐变编辑器"对话框，在"预设"区中选择"透明彩虹"，将色标拖至如图5-54所示的位置，然后单击"新建"按钮。在工具选项栏中选择"径向渐变"，按住"Shift"键，从上往下拖动鼠标，出现一个彩色圆环。

图 5-53 彩虹素材　　　　　　　　　　图 5-54 编辑彩虹

③羽化。选择"矩形选区工具"，在工具选项栏上设置羽化值为"30"（可自行调整），选取彩虹两端，按"Delete"键删除，产生朦胧感，如图5-55所示。

④调整图层不透明度。将图层1的不透明度设为"30%"，如图5-56所示，完成效果如图5-57所示。

图 5-55 羽化后删除彩虹两端　　图 5-56 设置图层不透明度　　图 5-57 彩虹效果图

⑤也可按"Ctrl+T"键对彩虹进行自由变换，完成效果如图5-52所示。

⑥单击菜单"文件"→"保存"，文件命名为"彩虹.psd"。

◆ **课后练习**

上机题

（1）用画笔工具自由创作一幅图画。

（2）美容祛斑。打开"电子素材"／"5"／"作业"文件夹中"祛斑素材.jpg"文件，使用历史记录画笔工具进行祛斑操作，如图5-58所示。

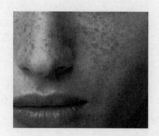

图 5-58　祛斑前后对照图

（3）自制邮票边框。打开"电子素材"/"5"/"作业"文件夹中"自制邮票素材.jpg"文件，设置画笔笔尖形状，绘制邮票边框，如图5-59所示。

图 5-59　自制邮票边框

（4）制作如图5-60所示的光盘。

提示：使用渐变工具，选择"色谱"，模式选择"角度渐变"，添加"斜面和浮雕"的图层样式，制作立体效果。

图 5-60　制作光盘

模块六
修图工具与应用

随着现代生活质量的提高，人们经常用相机、手机等拍摄记录美好的生活，但往往因为拍摄技艺参差不齐，很多照片需要进行修饰和处理。在Photoshop中，只要掌握了修图工具组的使用，就能轻松搞定。

学习目标

✛ 学会使用仿制图章工具、修复画笔工具和修补工具

✛ 学会使用海绵工具、加深工具和减淡工具

✛ 学会使用涂抹工具和内容感知移动工具

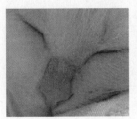 

任务一

使用图像修饰工具修图

◆ **任务概述**

掌握用污点修复画笔工具、修复画笔工具、修补工具、仿制图章工具等进行修图的方法。

◆ **教学案例**

1.照片优化（见图6-1）

图 6-1　照片优化处理前后对比

2.修补草坪（见图6-2—图6-4）

图 6-2　修补草坪素材 1　　　　图 6-3　修补草坪结果 1　　　　图 6-4　修补草坪结果 2

◆ **案例要点**

◎照片优化：用修补工具的"内容识别"功能清除照片上多余的人物。

◎修补草坪：分别用修补工具和仿制图章工具修补草坪。

◆ **演示案例**

案例一　照片优化

①打开文件。打开"电子素材"/"6"/"任务一"/"案例一"文件夹中的"照片优化处理素材.jpg"文件。

②选择如图6-5所示的"修补工具"的"内容识别"功能，然后框选如图6-6所示照片

上不需要的人物，拖至旁边空余地方释放后效果如图6-7所示，自动清除了一些框选的人物。照此多次框选拖至旁边空余地释放，可将多余的人物完全清除。

③用仿制图章工具进行细微处理，完成效果如图6-8所示。

④按"Ctrl+S"键保存文件。

⑤有兴趣的同学也可以使用污点修复画笔工具，清除人物脸上的斑点和照片上不需要的人物。

图6-5　修补工具的"内容识别"

图6-6　框选　　　　图6-7　修补工具释放效果　　　　图6-8　照片优化处理结果

案例二　修补草坪

（1）用修补工具修补草坪

①打开文件。打开"电子素材"/"6"/"任务一"/"案例二"文件夹中"修补草坪素材1.jpg"文件。

②修补草坪。选择"修补工具"，在工具选项栏上选择修补："正常"，选择"目标"，在如图6-9所示的图像上圈选茂盛的草坪，按住鼠标左键拖到需要填补的地方，如图6-10所示。用同样的方法耐心修补需要填补的地方，效果如图6-3所示。

图6-9　圈选茂盛的草坪　　　图6-10　拖到需要填补的地方　　　图6-11　修补草坪素材2

③单击"文件"→"另存为"，将文件命名为"修补草坪结果1.jpg"。

（2）用仿制图章工具修补草坪

①打开文件。打开"电子素材"/"6"/"任务一"/"案例二"文件夹中"修补草坪素材1.jpg"和如图6-11所示"修补草坪素材2.jpg"。

②修补草坪。选择"仿制图章工具"，按住"Alt"键，在"修补草坪素材2"图像文件中单击取样，在"修补草坪素材1"图像文件中涂抹，可修补草坪，完成效果如图6-4所示。

③单击菜单"文件"→"另存为"，将文件命名为"修补草坪结果2.jpg"。

任务二

使用海绵工具、加深工具、减淡工具修图

◆ 任务概述

通过完成下列案例，掌握海绵工具、加深、减淡等修图工具的使用。

◆ 教学案例

1.水果熟了（见图6-12）

图 6-12　水果熟了

2.画鸡蛋（见图6-13）

图 6-13　画鸡蛋

◆ 案例要点

◎水果熟了：使用海绵工具修图。

◎画鸡蛋：用加深、减淡工具修图。

◆ 演示案例

案例一　水果熟了

①打开文件。打开"电子素材"/"6"/"任务二"/"案例二"文件夹中如图6-14所示"水果素材.jpg"文件。

②巧修图。选择"海绵工具"，在其属性栏设置模式为"加色"，按住鼠标左键在水果上涂抹，观察到水果变鲜艳了。调节流量高或低会让海绵工具的效果增强或减弱，勾选"自然饱和度"可以让色彩过渡得很自然。如图6-15所示。这种方法还可把人物的嘴

唇变红，像涂了口红一样，自己找素材试试，把学习延伸到课外。

③按"Ctrl+S"键保存文件。

④在前面学习了按"Ctrl+U"键调整饱和度将图像调鲜艳，本案例也试试，看看效果怎么样。

　　图6-14　水果素材　　　　　图6-15　水果熟了

案例二　画鸡蛋

①新建文档。设置文档宽度、高度为"800像素×600像素"，分辨率为"72像素"。

②画鸡蛋。用"椭圆选框工具"画一椭圆，填充颜色为"#FFCC99"，如图6-16所示。

③改变鸡蛋的形状。用"矩形选框工具"选取鸡蛋下半部，按"Ctrl+T"键自由变换成如图6-17所示的形状，按"Enter"键确认，取消选区，完成效果如图6-18所示。

　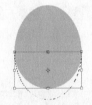　

图6-16　椭圆选区填色　　图6-17　改变鸡蛋形状　　图6-18　绘制鸡蛋外形

④绘制高光和阴影。选择"减淡工具"，设置画笔形状为柔角画笔，直径为"139"，范围为"中间值"，曝光度为"50%"，绘制高光部分，如图6-19所示。选择"加深工具"，设置画笔形状为柔角画笔，直径为"139"，范围为"中间值"，曝光度为"50%"，绘制阴影部分，如图6-20所示。加深、减淡的目的是使鸡蛋看起来有立体感。

⑤处理鸡蛋细节。通常鸡蛋壳的表面有小杂点，单击菜单"滤镜"→"杂色"→"添加杂色"，其参数设置如图6-21所示。可为鸡蛋添加阴影，调整色相/饱和度，参数自行设置，使鸡蛋与现实生活中的鸡蛋更相似，完成效果如图6-13所示。

⑥按"Ctrl+S"键保存文件，将文件命名为"画鸡蛋.psd"。

图6-19　用减淡工具绘制高光　图6-20　用加深工具绘制阴影　　图6-21　添加杂点

任务三

使用涂抹工具、内容感知移动工具修图

◆ **任务概述**

通过完成下列案例，掌握涂抹工具和内容感知移动工具等修图工具的使用。

◆ **教学案例**

1.长刺的仙人掌（见图6-22）

图 6-22　长刺的仙人掌

2.映日荷花别样红（见图6-23）

图 6-23　映日荷花别样红

◆ **案例要点**

◎长刺的仙人掌：使用涂抹工具的"手指绘画"绘制仙人掌的刺。

◎映日荷花别样红：使用内容感知移动工具的"扩展"模式复制多朵荷花。

◆ **演示案例**

案例一　长刺的仙人掌

①打开文件。打开"电子素材"/"6"/"任务三"/"案例一"文件夹中"仙人掌素材.jpg"文件。

②复制背景图层。用鼠标左键将图层面板上的背景图层拖到"创建新图层"按钮上

释放，即可复制背景图层。

③设置前景色。可以将前景色设为"#ffa943"，也可用吸管工具在图中的"刺"上吸取颜色。

④用涂抹工具绘制刺。选择"涂抹工具"，其工具选项栏设置如图6-24所示，画笔大小为柔角"5像素"，强度设置为"80%"，勾选"手指绘画"。在图上有刺点的地方涂抹，如图6-25所示，显得有点生硬。

图 6-24 涂抹工具的属性栏

⑤改变图层模式。将背景副本图层的图层混合模式更改为"叠加"，如图6-26所示，其效果如图6-27所示，这样看起来就自然多了。

图 6-25 用涂抹工具绘制刺　　　图 6-26 图层面板　　　图 6-27 完成效果

⑥按"Ctrl+S"键保存文件。

案例二　映日荷花别样红

①打开文件。打开"电子素材"/"6"/"任务三"/"案例二"文件夹中"荷花素材.jpg"文件。

②选择工具。选择"内容感知移动工具"，在其属性栏设置模式为"扩展"，结构为"4"，如图6-28所示。

图 6-28 内容感知移动工具的属性栏

③框选荷花。用"内容感知移动工具"将图像中的荷花框选，如图6-29所示，直接拖曳鼠标然后释放，即可复制一朵荷花，此时可看到复制的荷花与周边荷叶效果衔接得非常融洽。可复制多朵荷花，最后按"Ctrl+D"键取消选区。完成效果如图6-30所示。

图 6-29 框选荷花　　　图 6-30 映日荷花别样红　　　图 6-31 移动模式

④按"Ctrl+S"键保存文件，将文件命名为"映日荷花别样红"。

⑤学有余力的同学还可试试：将属性栏模式设置为"移动"。拖曳鼠标然后释放，即可将荷花移动一个位置，效果如图6-31所示。

相关理论

通过对本模块几个案例的学习，我们知道修图工具可以方便快速地修饰图像。修图工具主要有图章工具，橡皮擦工具，图像修饰工具，加深、减淡和海绵工具，模糊、锐化和涂抹工具等。

1.图章工具

图章工具分为仿制图章工具和图案图章工具两种，可对图像进行复制和修复操作。

（1）仿制图章工具

可以将图像的一部分复制到当前图层的另一个位置或复制到其他图层中。

使用时，在按住"Alt"键的同时，单击样品区域，就把所选区域作为取样复制下来。释放"Alt"键，按住鼠标左键，鼠标指针拖过的区域将复制成取样的图像，如图6-32所示。

图 6-32 用仿制图章工具复制效果

（2）图案图章工具

可以用图案覆盖图像，工具选项栏如图6-33所示，使用图案图章工具处理的效果如图6-34所示。

图 6-33 图案图章工具选项栏

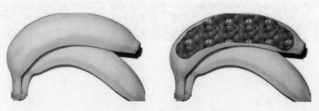

图 6-34 图案图章工具涂抹效果

2.橡皮擦工具

橡皮擦工具分为橡皮擦工具、背景橡皮擦工具和魔术橡皮擦工具3种。

（1）橡皮擦工具

按住鼠标左键便可以擦除对象。若不能直接擦除背景，可用背景色进行填涂，处理效果如图6-35所示。

（2）背景橡皮擦工具

要擦除背景，必须选用背景橡皮擦工具，其处理效果如图6-36所示。

（3）魔术橡皮擦工具

使用魔术橡皮擦工具可以擦除与当前单击处颜色相近的区域，处理效果如图6-37所示。

图 6-35 使用橡皮擦工具擦除背景　图 6-36 使用背景橡皮擦工具　图 6-37 使用魔术橡皮擦工具

3.图像修饰工具

图像修饰工具分为污点修复画笔工具、修复画笔工具、修补工具、内容感知移动工具、红眼工具5种。

（1）污点修复画笔工具

污点修复画笔工具用于修复斑点或瑕疵等，选择该工具在有瑕疵的地方单击即可进行修复，如图6-38所示就是用污点修复画笔工具修复后的对比效果。其工具选项栏如图6-39所示。

图 6-38 污点修复画笔工具实例

图 6-39 污点修复画笔工具选项栏

◎模式：可以设置修复图像时与目标图像之间的混合方式。

◎近似匹配：在修复图像时将根据当前图像周围的像素来修复瑕疵。

◎创建纹理：在修复图像时将根据当前图像周围的纹理自动创建一个相似的纹理。

◎内容识别：根据所选范围周边内容进行自动判断，使用相似的部分进行填充。

（2）修复画笔工具

修复画笔工具用于消除图像中常见的污点和擦痕，修复时它会自动保留阴影、光照、纹理等属性，其工具选项栏如图6-40所示。

图 6-40 修复画笔工具选项栏

◎取样：选择该选项后，首先定义源图像，然后在有瑕疵的图像上涂抹，即可以进行修复。

◎图案：选择该选项后，先选择需要的图案，可以在图像中添加图案效果。

（3）修补工具

修补工具与修复画笔工具的功能相似，适合大面积地修补图像，修补类型中内容识别选项功能强大，其工具选项栏如图6-41所示。

图 6-41　修补工具选项栏

（4）内容感知移动工具

内容感知移动工具，它能够快速地移动或复制想要修改的部分。其模式分为移动和扩展两种。其工具选项栏如图6-42所示。使用"移动"模式可将选定的对象移动到不同的位置。使用"扩展"模式可扩展或收缩对象。

图 6-42　内容感知移动工具选项栏

◎内容感知移动工具适合图片背景较为一致的情况，比如单色、同色调、同纹理等，这样运用起来更加逼真。

◎结构：调整源结构的保留严格程度。输入一个 1~7 的值，以指定修补在反映现有图像图案时应达到的近似程度。如果输入 7，则修补内容将严格遵循现有图像的图案；如果输入1，则修补内容将不必严格遵循现有图像的图案。

（5）红眼工具

红眼工具可以快速、方便地去除红眼效果。选择红眼工具，按住鼠标左键，拖曳鼠标左键绘制一个矩形将红眼框选，然后释放左键即可去除图像中的红眼，其工具选项栏如图6-43所示。

图 6-43　红眼工具选项栏

◎瞳孔大小：可以设置红眼图像的大小，以便进行处理。

◎变暗量：可以设置去除红眼后瞳孔变暗的程度。数值越大，则去除红眼后的瞳孔越暗。

4.加深、减淡和海绵工具

（1）加深工具

加深工具与减淡工具功能类似，但效果则相反，其工具选项栏如图6-44所示。

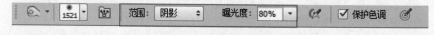

图 6-44　加深工具选项栏

（2）减淡工具

减淡工具可以使涂抹过的像素变亮，其工具选项栏如图6-45所示。

图 6-45　减淡工具选项栏

◎范围：选择要调整的图像范围，其中包括高光、中间调或阴影3个选项。

◎曝光度：可以设置在图像中每涂抹一次提高的程度。

◎喷枪功能：模拟喷枪的工作方式，当按住鼠标左键不放时会产生淤积效果。

（3）海绵工具

海绵工具将提高或降低画笔涂抹过区域的色彩饱和度，其工具选项栏如图6-46所示。

图 6-46　海绵工具选项栏

◎模式：可以选择增加图像颜色或减少图像颜色，有"去色"和"加色"两个选项。加色相当于使颜色鲜艳，去色相当于降低饱和度，如图6-47所示。

图 6-47　海绵工具应用

◎流量：输入的数值越大，产生的效果越快。

◎自然饱和度：会智能地处理图像中不够饱和的部分和忽略足够饱和的颜色。

5.模糊、锐化和涂抹工具

（1）模糊工具

模糊工具可使图像变模糊，其实质是使涂抹过的地方的像素变柔和，其工具选项栏如图6-48所示，其处理后的效果如图6-49所示。

图 6-48　模糊工具选项栏

图 6-49　模糊工具应用

（2）锐化工具

用锐化工具涂抹，会增加相邻像素的对比度，产生锐化效果，其工具选项栏如图6-50所示。

图 6-50　锐化工具选项栏

（3）涂抹工具

用涂抹工具在图像上涂抹时，会拾取单击的颜色像素，并沿指针移动的方向拖曳此像素，产生如图6-51所示的涂抹效果，也就是在图像中扩散颜色。

图 6-51　涂抹工具实例

实 训

一只懒猫

◆ 完成效果

一只懒猫照片经过修图后的效果如图6-52所示。

图 6-52　一只懒猫

◆ 实训目的

能灵活运用多种修图工具进行照片处理。

◆ 技能要点

◎选区工具的应用。

◎变换命令。

◎多种修图工具的使用。

◆ 操作步骤

①打开素材。打开"电子素材"/"6"/"实训"文件夹中"猫素材1.jpg"文件，如图6-53所示。

②给猫洗脸。用"高斯模糊"滤镜，半径为"3像素"，柔化鼻子上的马赛克。用"历史记录画笔工具"对鼻子上的马赛克进行细微处理，使猫鼻子看上去比较光洁。用"污点修复画笔工具""修补工具"和"仿制图章工具"等，细致清除猫脸上的污渍，完成效果如图6-54所示。

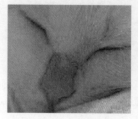

图 6-53　猫素材 1 　　　　　　　　　　　　图 6-54　给猫洗脸

③眯眼。打开"电子素材"/"6"/"实训"/文件夹中"猫素材2.jpg"文件，如图

6-55所示。用"套索工具"选取左眼,按"Shift+F6"键,在弹出的对话框中输入羽化值为"10像素"。用"移动工具"将选好的眼睛拖入猫素材1图片中,调整到合适的位置,效果如图6-56所示。

图 6-55 猫素材 2

图 6-56 睁眼效果图

④细节处理。显然,换的猫眼有点不协调,灵活选择修图工具对眼部与面部缝接处进行细微处理。用同样的方法修复另一只眼。用"色阶"命令调整照片的亮度,使猫毛看起来更洁净,完成效果如图6-52所示。

⑤保存文件,将文件命名为"一只懒猫.jpg"。

◆ **课后练习**

上机题

(1)修复竹简。

提示:打开"电子素材"/"6"/"作业"/"竹简"文件夹中"素材.jpg"文件,如图6-57所示。灵活选用修图工具擦除竹简上的图案,处理效果如图6-58所示。

图 6-57 竹简素材

图 6-58 竹简

(2)林荫道上的汽车。

提示:打开"电子素材"/"6"/"作业"/"林荫道上的汽车"文件夹中素材文件,如图6-59、图6-60所示,合成如图6-61所示的效果。

图 6-59 林荫道

图 6-60 汽车

图 6-61 结果

（3）绘制如图6-62所示的牙膏字。

图 6-62 牙膏字

提示：首先画一个椭圆选区，选择渐变工具，填充颜色。然后选择涂抹工具，涂抹工具大小不能超过选区大小，把强度调到"100%"，硬度调到"100%"。最后在选区上一直按住拖动鼠标，输入想要的字。

模块七
图层应用

为了减少不必要的工作量，制作图像时可以把多个图像重叠放置在一起，单独编辑每个独立对象而不影响其他部分，这就需要图层来实现。

学习目标

⊕　了解图层的概念

⊕　掌握图层的基本操作

⊕　掌握图层样式的应用

⊕　会用图层混合模式制作特殊效果

任务一

掌握图层样式的应用

◆ **任务概述**

通过完成下列案例，了解图层的概念，熟悉图层面板，掌握图层样式的应用。

◆ **教学案例**

1.镜面效果（见图7-1）

图 7-1　镜面效果

2.透明效果（见图7-2）

图 7-2　透明效果

◆ **案例要点**

◎镜面效果：通过剪切图层将图像与背景分离，会调整图层不透明度。

◎透明效果：图层样式中混合选项"填充不透明度"的应用。

◆ **演示案例**

案例一　镜面效果

①打开文件。打开"电子素材"/"7"/"任务一"/"案例一"文件夹中如图7-3所示"小象.jpg"文件。

②把小象从背景中分离。用恰当的选择工具选取小象。单击菜单"图层"→"新建"→"通过剪切的图层"（或按"Shift+Ctrl+J"键），将小象从背景中分离。

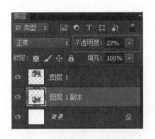

图 7-3　小象素材　　　　图 7-4　调整图层透明度　　　　图 7-5　小象找影子

③制作镜面效果。按"Ctrl+J"键复制小象图层。单击菜单"编辑"→"变换"→"垂直翻转",调整图像位置使其成镜面效果。单击如图7-4所示调整图层的不透明度,完成效果如图7-5所示。

④按"Ctrl+S"键保存文件。

案例二　透明效果

①打开素材。打开"电子素材"/"7"/"任务一"/"案例二"文件夹中如图7-6所示的"透明字素材.jpg"文件。

图 7-6　透明字素材　　　　　　　　　图 7-7　输入文字

②输入文字。用"横排文字工具"输入"美丽校园",字体、字号、颜色自定,如图7-7所示。右击文字层,在弹出的快捷菜单中选择"删格化文字"命令。

③添加图层样式。单击"添加图层样式"按钮,选择"斜面和浮雕",样式为"内斜面",深度为"1000%"左右。单击"混合"选项,把填充不透明度设置为"0%",如图7-8所示。完成效果如图7-2所示。

④按"Ctrl+S"键保存文件。

图 7-8　图层样式

掌握图层混合模式的应用

◆ 任务概述

通过完成下列案例，掌握图层混合模式的应用，会添加图蒙版。

◆ 教学案例

1.变色兔（见图7-9、图7-10）

图 7-9　兔子　　　　　　　　　　图 7-10　变色兔

2.修复灰暗照片（见图7-11）

图 7-11　修复灰暗照片

◆ 案例要点

◎变色兔：图层混合模式的应用。

◎修复灰暗照片：图层混合模式的综合应用。

◆ 演示案例

案例一　变色兔

①打开文件。打开"电子素材"/"7"/"任务二"/"案例一"文件夹中如图7-9所示的"兔子.jpg"文件。

②用恰当的选取工具选取兔子轮廓，不要选取眼睛部分，如图7-12所示。按"Shift+F6"键，羽化选区，输入羽化半径为"10"像素。

③保留选区，新建图层，填充喜欢的渐变色，效果如图7-13所示。选择如图7-14所示图层混合模式为"柔光"，兔子的身体就变色了，效果如图7-10所示。

④按"Ctrl+S"键保存文件。

图 7-12　选取兔子轮廓

图 7-13　填充渐变

图 7-14　设置图层混合模式

案例二　修复灰暗照片

①打开素材。打开"电子素材"/"7"/"任务二"/"案例二"文件夹中"灰暗照片.jpg"文件，如图7-15所示。

②复制背景。按"Ctrl+J"键复制背景图层，生成背景副本图层，将背景副本图层的混合模式改为如图7-16所示的"柔光"，完成效果如图7-17所示。整个照片颜色变鲜艳了许多，但天空还是灰蒙蒙的。

图 7-15　灰暗照片

图 7-16　柔光模式

图 7-17　柔光模式效果

图 7-18　云彩素材

③勾选天空轮廓。用"魔棒工具"的"添加到选区"模式，多次单击，将天空部分选取。

④添加云彩素材。打开如图7-18所示的云彩素材，按"Ctrl+A"键全选，按"Ctrl+C"键复制，在灰暗照片的文件窗口中单击菜单"编辑"→"选择性粘贴"→"贴入"，也可按"Ctrl+Shift+J"键，将云彩素材添加到灰暗照片文件中。此时看到效果如图7-19所示，图层调板如图7-20所示。

图 7-19　贴入云彩素材

图 7-20　图层调板

图 7-21　调整云彩大小

图 7-22　完成效果

⑤调整云彩素材。按"Ctrl+T"键，调整云彩素材的大小和位置，完成效果如图7-21所示。

⑥盖印可见图层。按"Ctrl+Alt+Shift+E"键可盖印可见图层，也就是将图层调板上所有可见图层合并成一个新图层，而原有图层不变。

⑦调整图层混合模式。将盖印图层的混合模式改为"柔光"，此时图像看起来更清亮，最后完成效果如图7-22所示。

⑧按"Ctrl+S"键保存文件。

任务三

掌握样式面板的应用

◆ **任务概述**

会使用样式面板中已有的样式，还会创建新的样式。

◆ **教学案例**

1.制作胶体按钮（见图7-23）　　　　　　　2.绘制小水滴（见图7-24）

图 7-23　制作胶体按钮

图 7-24　绘制小水滴

◆ **案例要点**

◎制作胶体按钮：使用样式面板中已有样式制作图像。

◎绘制小水滴：图层样式的应用，学会创建新的样式，并学会运用新样式制图。

◆ **演示案例**

案例一　制作胶体按钮

①新建文档，大小自定。在"自定义形状工具"中选择"红桃"形状。

②单击菜单"窗口"→"样式"，追加"旧版样式及其他"，在如图7-25所示的样式调板菜单中选择"Web样式"，在弹出的对话框中单击"追加"按钮，此时样式面板如

图 7-25　添加样式

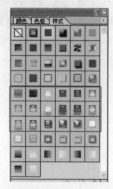

图 7-26　追加了 Web 样式后的面板

图7-26所示。

③对红桃图层应用已有样式。可复制多个红桃图层，应用不同样式，完成效果如图7-23所示。

④保存文件，将文件命名为"胶体按钮.jpg"。

案例二　绘制小水滴

①打开文件。打开"电子素材"/"7"/"任务三"/"案例二"文件夹中"树叶.jpg"文件。

②制作透明水滴。新建图层，用"选框工具"画一椭圆，填充任意颜色，如图7-27所示。添加"图层样式"，单击"混合"选项，将填充不透明度设置为"0"。

③制作水滴效果。分别对"投影""内阴影""斜面和浮雕"进行设置，其参数设置如图7-28—图7-30所示。

图 7-27　画椭圆并填色

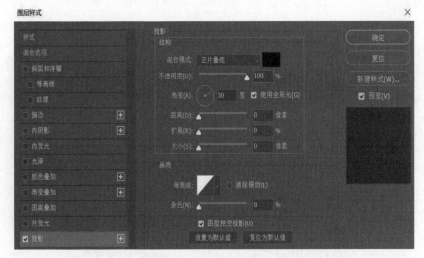

图 7-28　设置图层样式——投影

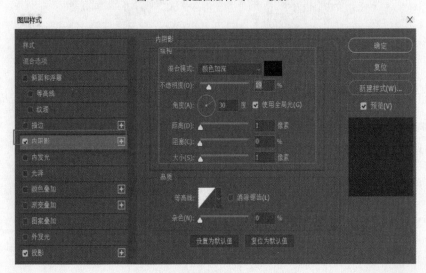

图 7-29　设置图层样式——内阴影

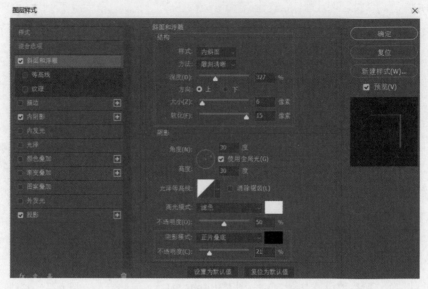

图 7-30　设置图层样式——斜面和浮雕

④将制作的水滴效果保存为新样式。单击"新建样式"按钮，设置新样式名为"水珠"，然后保存样式。在"图层样式"对话框中单击"确定"按钮，完成效果如图7-31所示，一滴晶莹剔透的水珠就这样形成了。

⑤新建图层，应用新建水珠样式。选择"画笔工具"在叶子上绘画，完成效果如图7-32所示，好像是用水在绘画。

⑥保存文件，将文件命名为"绘制小水滴.jpg"。

图 7-31　设置图层样式后的效果图

图 7-32　应用新建样式

相关理论

通过对本模块几个案例的学习，我们知道，图层是Photoshop中最基础、最重要的工作方式，也是学习Photoshop的重点。

1.图层与图层组
（1）图层

图层可比作透明的画纸，如果图层上没有图像，就可以一直看到下面的背景图层。除背景层外，其他图层可以按任意顺序堆叠，以便单独处理图层上放置的对象，而不会影响其他图层。

（2）图层组

多个相同类别的图层可以放在一个文件夹内，称为图层组，便于组织和管理连续的图层。图层组可以显示，也可以折叠，还可以复制、移动等。在图层组中，可以将图层移入或移出，也可以嵌套在另一个图层组中。

2.图层的基本操作

图层的基本操作包括图层的创建与选择、显示或隐藏、复制与删除、链接与合并、对齐与分布、排列以及锁定等，可通过"图层"菜单和图层调板进行操作。

使用图层调板可以随意访问任何图层。在图层调板中可以创建新图层、新图层组、删除图层或图层组等操作。

3.图层的分类

图层通常分为背景图层、普通图层、智能图层、文字图层、形状图层、填充/调整图层等。下面重点介绍背景图层和普通图层。

◎背景图层：创建新图像时，最下面的图层称为背景图层。一幅图像只有一个背景图层，无法更改其堆叠顺序、混合模式和不透明度，但只要双击背景图层，就可将其转换为普通图层。

◎普通图层：新建的图层都属于普通图层，又叫像素图层，文字图层执行"栅格化图层"命令后也能转换为普通图层。

小技巧

你会改变图层顺序吗？只要选择需调整的层，按住鼠标左键，上下拖曳即可。也可使用键盘操作，按"Ctrl+]"键一层一层往上移；按"Ctrl+["键一层一层往下移；按"Ctrl+Shift+]"键快速移到最顶层；按"Ctrl+Shift+["键快速移到最底层。

4.图层样式

图层样式可以为普通图层、文本图层和形状图层等添加图层样式。一个图层可以应用多种图层样式，图层样式还可以进行复制、清除等操作。

◎应用图层样式：选中要添加样式的图层，然后单击"添加图层样式"按钮，从列表中选择图层样式，可根据需要修改参数。还可以将设定的样式保存为新样式，以便日后使用。

◎图层样式的类型有斜面和浮雕、描边、内阴影、内发光、光泽、颜色叠加、渐变叠加、图案叠加、外发光、投影10种样式，其中描边、内阴影、颜色叠加、渐变叠加和投影可以添加多个效果。

5.图层的混合模式

所谓图层混合模式，就是指在图层之间进行像素混合。滚动各个混合模式选项，可以在画布上显示混合模式的实时预览效果。图层混合模式有正常、溶解、变暗、正片叠底、颜色加深、线性加深、深色、变亮、滤色、颜色减淡、线性减淡、浅色、叠加、柔光、强光、亮光、线性光、点光、实色混合、差值、排除、减去、划分、色相、饱和度、颜色、明度。

小知识

基色：是指图像中的原始颜色。混合颜色：是着色工具或编辑工具应用的颜色。最终效果：是混合后产生的色彩效果。

实 训

玉 镯

◆ 完成效果

完成效果如图7-33所示。

◆ 实训目的

会微调图层样式的参数。

◆ 技能要点

图 7-33　玉镯

◎滤镜中云彩特效。

◎液化特效。

◎图层样式应用。

◎调整色相/饱和度、明度。

◆ 操作步骤

①新建文档。按"Ctrl+N"键新建文件，设置文档宽度、高度为"600像素×600像素"，分辨率为"72像素/英寸"，颜色模式为"RGB"，背景为"白色"。

②新建图层。按"D"键，将前景色和背景色设为默认颜色，即黑色前景色和白色背景色。将前景色设为"绿色"，单击菜单"滤镜"→"渲染"→"云彩"，其效果如图7-34所示。

③制作玉镯环纹路。单击菜单"滤镜"→"液化"，用如图7-35所示的"向前变形工具"涂抹。

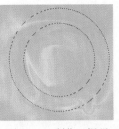

图 7-34　云彩效果　　图 7-35　向前变形工具　　图 7-36　制作玉镯环　　图 7-37　玉镯环

④制作玉镯环。使用标尺、辅助线和"椭圆选框工具"绘制一个环形选区，效果如图7-36所示。按"Ctrl+J"键复制所选区域为新图层。隐藏涂抹的图层，其效果如图7-37所示。

⑤添加斜面和浮雕样式。此步骤关系制作效果的好坏。单击图层面板上的"添加图层样式"按钮，选择"斜面和浮雕"，设置参数如图7-38所示。

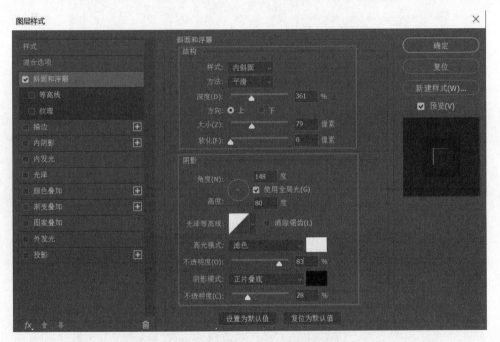

图 7-38　添加图层样式——斜面和浮雕

⑥细节处理。添加图层"投影"样式，效果如图7-39所示。按"Ctrl+U"键调整色相饱和度，此步操作可根据自己对色彩的喜好调整，效果如图7-40所示。

图 7-39　图层投影效果　　　　　图 7-40　效果图

⑦保存文件，将文件命名为"玉镯.jpg"。

我能行

制作外框

①绘制矩形外框。用标尺、辅助线和矩形选框工具绘制一个矩形选区作外框，填充橙色或自己喜欢的颜色。

②添加图层样式。添加"斜面和浮雕"图层样式，参数设置如图7-41所示。添加"光泽"图层样式，参数设置如图7-42所示。添加"图案叠加"图层样式，参数设置如图7-43所示。

③添加背景颜色。用渐变工具填充"橙色—黄色—橙色"的线性渐变，最终效果如图7-33所示。

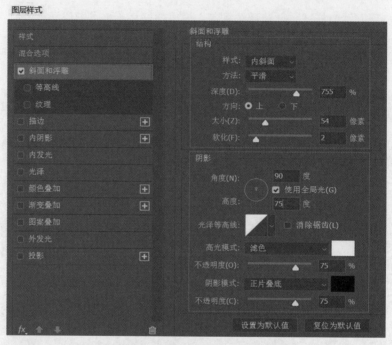

图7-41　添加图层样式——斜面和浮雕

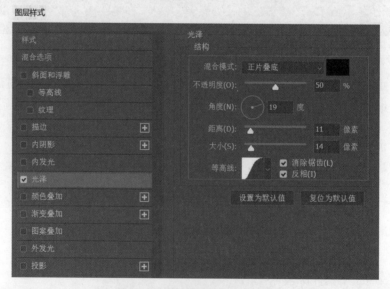

图7-42　添加图层样式——光泽

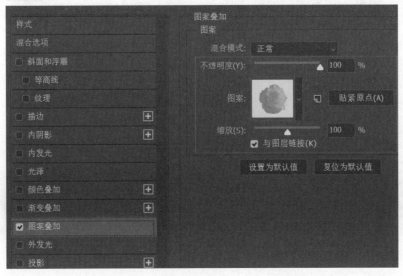

图 7- 43 添加图层样式——图案叠加

◆ **课后练习**

上机题

（1）打开"电子素材"/"7"/"作业"/"素材"/"一叠面包"文件夹中如图7-44所示的素材，制作完成如图7-45所示的效果。

图 7-44 面包片

图 7-45 一叠面包

（2）制作如图7-46所示的效果。

图 7-46 牵手 2020

提示：输入文字"2020"，一字一层。首先应用图层样式。然后"栅格化文字"。按住"Ctrl"键，载入文字"2"选区，选择"0"层，从"选区中减去"要删除的部分，确定"0"层为当前图层，按"Delete"键删除，这样就做成了牵手文字了。用同样的方法做其他牵手字。注意按住"Ctrl"键载入下层文字的选区，删除的是上层文字。

图 7-47　背景

图 7-48　图层 1

图 7-49　挖空图层

（3）挖空图层。打开"电子素材"/"7"/"作业"/"素材"/"挖空图层"文件夹中如图7-47、图7-48所示的素材。制作完成如图7-49所示的效果。

提示：所谓挖空图层，就是能透过形状看到下层内容，好像被挖空一样。

制作方法：拖入图片，新建图层，绘制喜欢的形状，添加图层样式，在混合选项的"挖空"下拉框中选择"深"，同时将"填充不透明度"调为"0%"。拖动形状，欣赏图层透空效果。

模块八
路径与形状

　　路径是Photoshop中非常重要的一种工具。在进行图像区域的选择、辅助通道抠图以及图形、图标的设计过程中，都会用到路径工具。还可以将选区转换为路径进行编辑和修改，然后再转换为选区进行处理。熟练使用路径工具，在图像处理时将如虎添翼。

学习目标

　⊕　了解路径的相关知识

　⊕　掌握路径的编辑与应用

　⊕　掌握形状工具的编辑与使用

任务一

掌握路径的创建、编辑与使用

◆ 任务概述

　　通过完成下列案例，掌握路径的创建、编辑与使用，会对路径进行描边和填充，会进行路径与选区的转换操作。

◆ 教学案例

　　1.画蝴蝶（见图8-1）　　　　　　　　　　2.手绘太极图（见图8-2）

图 8-1　画蝴蝶　　　　　　　　　图 8-2　手绘太极图

◆ 案例要点

　　◎画蝴蝶：绘制开放路径、编辑路径。

　　◎手绘太极图：创建闭合路径、编辑路径和填充路径。

◆ 演示案例

　　案例一　画蝴蝶

　　①新建文档。设置文档宽度、高度为"600像素×500像素"，分辨率为"72像素/英寸"，颜色模式为"RGB"，背景为"白色"。

　　②画蝴蝶身体。按"Ctrl+'"键，显示网格。选择"钢笔工具"，设置钢笔工具选项栏：形状、填充、描边，如图8-3所示。绘制如图8-4所示的闭合路径。用"转换点工具"拖曳上面的锚点，完成效果如图8-5所示。

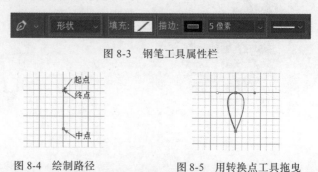

图 8-3　钢笔工具属性栏

图 8-4　绘制路径　　　　　　图 8-5　用转换点工具拖曳

小技巧

①按住"Ctrl"键，钢笔工具可转换成直接选择工具 ▶，用以拖动锚点位置。

②在使用钢笔工具时，按住"Ctrl"键单击鼠标，可结束开放路径的绘制。

③描边路径时，要先选择路径，就可以只对选择的路径描边。

③画翅膀和头部。用"钢笔工具"绘制如图8-6所示的翅膀形状，按住"Ctrl"键单击鼠标，结束开放路径的绘制。继续绘制翅膀下部。按住"Shift"键选中图层调板上的翅膀上、下两个形状图层，按"Ctrl+J"键复制图层，按"Ctrl+T"键将其水平翻转，调整位置，效果如图 8-7所示，用"直接选择工具"进行细节处理。用同样的方法画头部，完成效果如图8-8所示。

④保存文件，将文件命名为"画蝴蝶.jpg"。

图 8-6 画翅膀

图 8-7 完成翅膀绘制

图 8-8 画头部

案例二 手绘太极图

①新建文档。设置文档宽度、高度为 "500像素×500像素"，分辨率为"72像素/英寸"，颜色模式为"RGB"，背景为"白色"。按"Ctrl+'"键显示网格。

②用钢笔工具锚点。选择"钢笔工具"，设置钢笔工具选项栏工具模式为"路径"，按如图 8-9所示的顺序锚点生成闭合路径。

③使用转换点工具。使用"转换点工具"将锚点"2"的尖角点拖到平滑，形成如图8-10所示的半圆状。使用"转换点工具"将锚点"4"的尖角点拖到平滑，形成如图8-11所示的半圆状。使用转换点工具将锚点"6"的尖角点拖到平滑，形成如图8-12所示的半圆状。

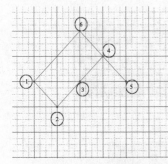
图 8-9 用钢笔工具锚点

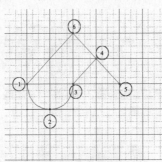
图 8-10 平滑锚点 2

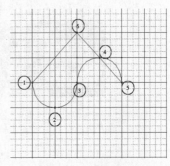
图 8-11 平滑锚点 4

④路径填充。新建图层，可以设置前景色为"#FF7BAD"，也可选自己喜欢的颜色。单击路径调板中的"用前景色填充路径"按钮，完成效果如图8-13所示。单击菜单"视图"→"显示额外内容"，隐藏网格。

⑤复制图层。选择"移动工具"，按住"Alt"键拖曳上一步填充的图层，则复制出相同图层。

将图层上形状的颜色改为"#2F8AFF"，按"Ctrl+T"键自由变换成如图8-14所示的位置。

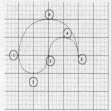
图8-12 平滑锚点6

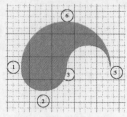
图8-13 路径填充

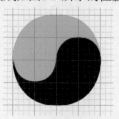
图8-14 复制图层变换

⑥描边。使用"椭圆选框工具"画大圆，描边，完成效果如图8-15所示。

⑦绘小圆。按"Ctrl+'"键显示网格。选择"椭圆选框工具"，按住"Shift+Alt"键从中心画正圆，填充为"白色"。按住"Alt"键复制出一个小圆，改填"黑色"。按"Ctrl+'"键隐藏网格，完成效果如图8-2所示。

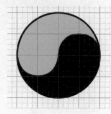
图8-15 描边

⑧保存文件。单击菜单"文件"→"存储为"，将文件命名为"手绘太极图.jpg"。

任务二

会用路径工具抠图

◆ **任务概述**

通过完成下列案例，会用钢笔工具抠图，并掌握路径工具的使用。

◆ **教学案例**

1.有朋自远方来（见图8-16）

图8-16 有朋自远方来

2.小狗的心思（见图8-17）

图8-17 小狗的心思

◆ **案例要点**

◎有朋自远方来：用钢笔工具抠图，变换命令，复制图层。

◎小狗的心思：路径工具的灵活使用。

◆ **演示案例**

案例一 有朋自远方来

①钢笔工具抠图。打开"电子素材"/"8"/"任务二"/"案例一"文件夹中"咖啡.jpg"文件。选择"钢笔工具"，勾选图中咖啡杯。在选取过程中，可按住"Shift"键调整曲线的方向和幅度，还可用"导航器"放大图像，以便选取细节地方，如图8-18所示。完成路径选取，如图8-19所示。

图 8-18 "导航器"放大图像　　图 8-19 钢笔工具抠图

②路径转换为选区。按"Ctrl+Enter"键，将当前路径转换为选区。按"Ctrl+J"键，将选中的咖啡杯复制为新图层。隐藏背景图层，如图8-20所示。

③打开餐桌素材。打开"电子素材"/"8"/"任务二"/"案例一"文件夹中"餐桌.jpg"文件，如图8-21所示。

图 8-20 咖啡杯　　　　　　图 8-21 餐桌　　　　　　图 8-22 咖啡杯端上桌

④将抠好的咖啡杯图拖到餐桌文件窗口中。按住"Alt"键，拖出4个咖啡杯，调整其大小，并将左侧两个杯子水平翻转，如图8-22所示。我们还可以为咖啡杯制作投影效果。

⑤保存文件。单击菜单"文件"→"存储为"，将文件命名为"有朋自远方来.jpg"。

案例二 小狗的心思

①打开小狗素材。打开"电子素材"/"8"/"任务二"/"案例二"文件夹中"小狗.jpg"文件，如图8-23所示。

②钢笔工具抠图。选择"钢笔工具"，勾选小狗的大致轮廓，如图8-24所示。

图 8-23　小狗　　　　　　　　　图 8-24　勾选小狗轮廓

③调整路径。用"直接选择工具"，对路径上的锚点进行调整，修改控制点位置，还可拖动调节柄改变曲线弧度，使所勾轮廓尽量贴近小狗的身躯，如图8-25所示。

小技巧

按住"Ctrl"键，可在路径选择工具 ▸ 和直接选择工具 ▹ 之间转换。

④添加/删除锚点。用"添加锚点工具"在任意路径上单击，可在单击处加锚点。选择"删除锚点工具"，可将多余锚点删除，如图8-26所示。

图 8-25　调整路径　　　　　图 8-26　添加 / 删除锚点　　　图 8-27　路径转换为选区

图 8-28　羽化选区

⑤路径转换为选区。按"Ctrl+Enter"键，将路径转换为选区，此时将小狗勾选完毕，如图8-27所示。按"Shift+F6"键，弹出"羽化选区"对话框，如图8-28所示。输入"1"像素，然后单击"确定"按钮。

⑥拖入素材中。打开"电子素材"/"8"/"任务二"/"案例二"文件夹中"窗户.jpg"文件，如图8-29所示。将勾选好的小狗拖入其中，调整其位置，完成效果如图8-30所示。

⑦按"Ctrl+S"键保存文件。

图 8-29　窗户素材　　　　　　　　图 8-30　完成效果

任务三

掌握形状工具的编辑与使用

◆ 任务概述

通过完成下列案例，会导入预设形状，掌握形状的编辑与使用，会用形状的布尔运算绘制LOGO。

◆ 教学案例

1.趣味大头贴（见图8-31）

图 8-31　趣味大头贴

2.绘制LOGO（见图8-32）

图 8-32　绘制 LOGO

◆ 案例要点

◎趣味大头贴：使用形状工具绘制形状、编辑形状和填充形状。

◎绘制LOGO：会用形状的布尔运算绘制LOGO。

◆ 演示案例

案例一　趣味大头贴

①打开狗狗素材。打开"电子素材"/"8"/"任务三"/"案例一"文件夹中"狗狗素材.jpg"文件。

②添加形状。新建图层，选择"自定义图形工具"，在如图8-33所示的形状调板菜单中选择"全部"，在弹出的对话框中单击"追加"按钮，可将全部形状添加到面板中，如图8-34所示。

图 8-33　添加形状

图 8-34　追加形状

③绘制红心形状。选择"红心形卡",绘制形状,按"Ctrl+Enter"键,激活选区,如图8-35所示。

④复制形状图层。选择背景层,单击菜单"图层"→"通过复制的图层",将选区内的图像复制到新图层上,为其"描边"。关闭背景层的显示,完成效果如图8-36所示。

⑤绘制思索形状。选择"自定义形状工具"中的"思索2",设置前景色为"#1AC6F1",颜色也可自定,画出"思索形状",效果如图8-37所示。

图 8-35　绘制形状　　　　图 8-36　复制形状图层　　　　图 8-37　绘制思索形状

⑥绘制骨头形状。选择"自定义形状工具"中的"骨头",设置前景色为"白色",画出如图8-38所示的形状。

⑦编辑骨头形状。用"添加锚点工具"在骨头形状上加两个锚点,用"直接选择工具"调整成弧线,效果如图8-39所示。

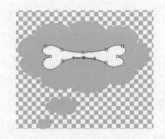

图 8-38　绘制骨头形状　　　　　　图 8-39　编辑骨头形状

⑧绘制背景。新建图层,拖动到图层面板最下方,并填充"色谱"线性渐变,完成效果如图8-31所示。

⑨按"Ctrl+S"键保存文件。

小技巧

可用钢笔工具、直接选择工具修改形状,修改形状操作如同修改路径操作一样简单。

案例二　绘制LOGO

①新建文件。设置文档宽度、高度为"500像素×500像素",分辨率为"72像素/英

寸", 颜色模式为"RGB", 背景为"白色"。

②设置形状工具选项栏。选择"椭圆工具", 在工具选项栏中设置工具模式为"形状", 单击"填充"右侧图标, 弹出下拉面板, 选择自己喜欢的蓝色。在选项栏中单击"描边"右侧图标, 在弹出的下拉面板中选择"无颜色"按钮, 完成设置如图8-40所示。

图 8-40 选项栏

③画正圆。选择"椭圆工具", 按住"Shift"键的同时, 在画布中绘制一个正圆形状, 在图层面板中, 得到"椭圆1"图层。按"Ctrl+J"键, 复制"椭圆1"图层得到"椭圆1 拷贝"图层。按"Ctrl+T"键自由变换, 按住"Shift+Alt"键的同时, 将其以中心点为圆心等比缩小, 效果如图8-41所示。按"Enter"键确定。

④合并图层。在图层面板中, 按住"Shift"键同时选中"椭圆1"和"椭圆1 拷贝"。按"Ctrl+E"键, 将其合并得到"椭圆1 拷贝"图层。选择"路径选择工具", 选中形状中缩小的圆形形状。

⑤减去顶层形状。在选项栏中, 单击"路径操作"按钮, 打开下拉面板, 选择"减去顶层形状", 得到如图8-42所示的圆环效果。

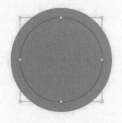

图 8-41 缩放小圆

图 8-42 减去顶层形状

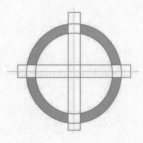

图 8-43 矩形与圆环相减

⑥添加参考线。按"Ctrl+R"键, 显示标尺, 从标尺上按住鼠标左键拖出参考线, 便于找到中心点。

⑦矩形与圆环相减。选择"矩形工具", 绘制矩形, 按"Ctrl+J"键复制矩形图层, 按"Ctrl+T"键旋转90°, 在选项栏中, 选中矩形形状, 单击"路径操作"按钮, 打开下拉面板, 选择"减去顶层形状", 完成效果如图8-43所示。

⑧绘制中心效果。用矩形工具和圆角矩形工具按照前面的方法制作中心效果, 效果如图8-44所示。LOGO完成效果如图8-32所示。

⑨按"Ctrl+S"键保存文件。

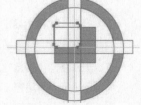

图 8-44 中心效果

小知识

（1）形状的布尔运算包括合并形状、减去顶层形状、与形状区域相交、排除重叠形状4种。

（2）LOGO是徽标或者商标的缩写，主要是对公司图形化的识别，通过徽标可以让消费者记住公司主体和品牌文化。

相关理论

路径是由多个锚点组成的矢量线条，放大或缩小图像对其没有任何影响，用路径工具可以绘制各种图形。

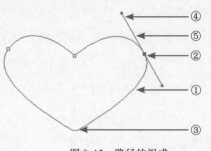

④
⑤
②
①
③

图 8-45　路径的组成

1.路径和路径工具组

（1）路径的组成

路径组成如图8-45所示。

①路径：路径上有很多锚点，锚点包括平滑点和角点。

②平滑点：节点两侧均有平滑曲线形成路径线，拖动其中一个控制点，另一个点会跟随一起动。

③角点：节点两侧的控制点不在一条直线上，拖动其中一个控制点，另一个点不会跟随一起动。

④控制点：拖动控制点，可调整曲线形状。

⑤调节柄：调节柄的长短，可调整曲线弧度和方向。

（2）相关概念

◎闭合路径：创建的路径其起点与终点重合为一点的路径称为闭合路径，如图8-46所示，两点重合时，鼠标右下角会出现一个圆圈标志。

图 8-46　闭合路径

图 8-47　开放路径

◎开放路径：创建的路径其起点与终点没有重合的路径称为开放路径，如图8-47所示。

◎工作路径：创建完成的路径称为工作路径，它可以包括一个或多个子路径。

◎子路径：用路径工具创建的每一个路径都是一个子路径。

◎直线路径：两侧没有调节柄，节点两侧的线条曲率为0，直线段通过节点。

◎曲线路径：线条曲率有角度，两侧最少有一个调节柄。

创建开放路径的方法是先按住"Ctrl"键，在文件中任意位置单击鼠标左键即可。

（3）路径工具组

路径工具组，如图8-48所示。可用于绘制路径、添加锚点、删除锚点及转换锚点等。

◎钢笔工具：用钢笔工具单击可创建直线，单击后按住鼠标不放拖动，可创建曲线。

◎自由钢笔工具：可以随意绘图，并自动添加锚点。

◎弯度钢笔工具：轻松绘制弧线路径并可以快速调整弧线的位置、弧度等，方便创建线条比较圆滑的路径和形状。

图 8-48　路径工具组

◎添加锚点工具：在已有路径上单击，可在单击处加锚点。

◎删除锚点工具：在已有锚点上单击，可删除单击处的锚点。

◎转换点工具：在路径的平滑点上单击，可转换为尖角点。拖曳路径上的尖角点，可将其转换为平滑点。

（4）路径工具的主要功能

路径工具的主要功能是绘制平滑线条，绘制矢量形状和勾选图像轮廓等。

2.路径调板

路径调板如图8-49所示。

①路径缩览图：显示已有路径的缩览图。

②路径名称：显示路径的名称。默认第一个路径名为"路径1"，双击可改名。

③路径调板菜单：单击可打开路径调板菜单，如图8-50所示。

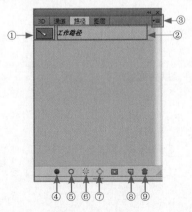

图 8-49　路径调板

图 8-50　路径调板菜单

④用前景色填充路径：单击此按钮，可为当前路径填充前景色。

⑤用画笔描边路径：先选择画笔，单击此按钮，可为当前路径描边。

⑥将路径作为选区载入：单击此按钮，可把当前路径转换为选区。

⑦从选区生成工作路径：单击此按钮，可把选区转换为路径。

⑧创建新路径：单击该按钮，可以创建一个新路径。

⑨删除当前路径：单击该按钮，可以删除当前路径。

3.编辑路径

（1）选择路径

选择路径工具如图8-51所示。

图 8-51　路径选择工具

◎路径选择工具 ：可以对路径进行选择、移动和复制操作。

◎直接选择工具 ：可以选择或移动子路径上的锚点，还可以移动或调整平滑点两侧的方向控制点。

选择路径后将显示所有锚点，选中的锚点显示为实心小方块，未选中的锚点显示为空心小方块。按住"Ctrl"键，可在路径选择工具和直接选择工具之间切换。

（2）移动路径

使用路径选择工具单击路径，即选择该路径，按住鼠标左键拖拽，可移动路径。按住"Shift"键，可选择多个路径。

（3）复制路径

方法1：选择路径后，按住"Alt"键拖拽鼠标，可复制路径。

方法2：将路径调板中要复制的路径拖到"创建新路径"按钮上，可将该路径复制为副本。

（4）删除路径

方法1：按"Delete"键，可删除所选路径。

方法2：将要删除的路径拖到路径调板的"删除当前路径"按钮上，即可删除该路径。

4.路径的应用

（1）路径转换为选区

文字选区转换为路径的实例如图8-52所示，有以下两种方法：

方法1：把路径调板上的工作路径拖曳到"将路径转换为选区"按钮上，可将当前路径转换为选区。

方法2：按"Ctrl+Enter"键，可将当前路径转换为选区。

注意

单击"将路径作为选区载入"按钮时，若只选取部分路径，则只会对所选取的部分路径转换为选区。应单击路径调板上的"工作路径"，使其变蓝，表明为选中状态。

（2）描边路径的方法

描边路径实例如图8-53所示，有如下4种方法：

方法1：按住"Alt"键并单击"用画笔描边路径"按钮。

方法2：按住"Alt"键并将路径拖动到"画笔描边路径"按钮上。

方法3：在路径调板菜单中选取"描边路径"命令。

方法4：右击调板上的路径，在弹出的快捷菜单中选择"描边路径"命令。

图 8-52 文字选区转换为路径实例　　　　图 8-53 描边路径实例

（3）填充路径

方法1：按住"Alt"键并单击"用前景色填充路径"按钮。

方法2：按住"Alt"键并将路径拖动到"用前景色填充路径"按钮上。

方法3：从路径调板菜单中选取"填充路径"命令。

方法4：右击调板上的路径，在弹出的快捷菜单中选择"填充路径"命令。

小技巧

在进行描边、填充路径操作时，若不按"Alt"键，可省去参数设置的步骤，直接用前景色描边各填充路径。

5.形状工具

形状工具包括矩形工具、圆角矩形工具、椭圆工具、多边形工具、直线工具和自定形状工具，如图8-54所示。它们的使用方法非常简单，选择相应的工具后，在绘画区拖曳鼠标即可。

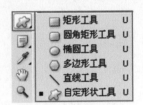

图 8-54 形状工具

（1）矩形工具

矩形工具的工具选项栏如图8-55所示。

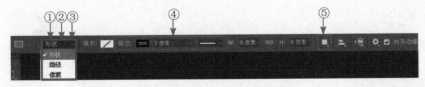

图 8-55 矩形工具的工具选项栏

①形状：可创建形状图层。

②路径：在图像上创建所选形状轮廓的路径。

③像素：在当前图层上创建所选形状的图形，并自动填充前景色。

④描边：设置描边颜色、宽度和线型。

⑤路径操作：包括新建图层、合并形状、减去顶层形状、与形状区域相交、排除重叠形状、合并形状组件，如图8-56所示。

图 8-56 路径操作

（2）圆角矩形工具

圆角矩形工具同矩形工具相似，在属性面板上可设置圆角的半径。

（3）椭圆工具

椭圆工具同矩形工具相似。

（4）多边形工具

在工具选项栏上可设置多边形的边数，平滑拐角、星形等。

（5）直线工具

在工具选项栏上可设置直线的粗细、长度和绘制箭头的起点终点。

（6）自定形状工具

在工具选项栏上可设置各种形状，可载入其他形状。

XIANGGUANLILUN

实 训

绘制卡通人

◆ 完成效果

卡通人完成效果如图8-57所示。

◆ 实训目的

掌握钢笔工具的使用，会使用路径工具绘图，会进行填充、描边路径等操作，学习色彩搭配。

◆ 技能要点

◎钢笔工具。

◎路径选择工具。

◎描边路径。

◎填充。

图 8-57　卡通人

◆ 操作步骤

（1）新建文档

设置文档宽度、高度为"859像素×1 250像素"，分辨率为"72像素/英寸"，颜色模式为"RGB"，背景为"白色"，文件命名为"卡通人"。

（2）绘制卡通轮廓

①绘制卡通人帽子。

新建图层名为"帽子"，选择"钢笔工具"，模式为"路径"，绘制如图8-58所示的卡通人的帽子轮廓。设置前景色为"黄色"，在"路径"面板中单击"用前景色填充路径"按钮，得到如图8-59所示效果。设置前景色为"黑色"，选择"画笔工具"，设置画笔属性为硬边圆，直径为"1像素"，在"路径"面板中单击"用画笔描边路径"按钮，给帽子描边，得到如图8-60所示的效果。用同样的办法绘制如图8-61所示的帽子边缘，再绘制眼镜并上色，完成如图8-62所示的帽子效果。

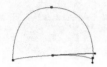

图 8-58　勾形　　图 8-59　填充效果　　图 8-60　描边　　图 8-61　绘制边缘　　图 8-62　帽子效果

②绘制头发。

新建图层名为"头发"。用"钢笔工具"勾出头发的形状，设置前景色为"#976115"，再"用前景色填充路径"，完成头发制作，头发图层放在帽子图层下面，完成效果如图8-63所示。

③绘制身体。

用"钢笔工具"完成卡通人身体的绘制，如图8-64所示。新建图层名为"身体"，设置前景色为"黑色"，选择"画笔工具"，设置画笔属性为硬边圆产，直径为"1像素"，在"路径"面板中单击"用画笔描边路径"按钮，设置脸、身体前景色为"#fce0d1""#d3ecfc"，选择"油漆桶工具"分别填充。继续绘制眉毛、眼睛、鼻子和嘴巴并上色，最终效果如图8-57所示。

（3）保存文件

图 8-63　绘制头发　　　　图 8-64　钢笔绘制身体

◆ 课后练习

上机题

①制作如图8-65所示的小螃蟹。

提示：用钢笔工具制作小螃蟹。

②制作如图8-66所示的奉献爱心。

提示：用路径工具和形状工具制作奉献爱心图。

　　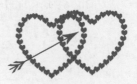　

图 8-65　小螃蟹　　　　图 8-66　奉献爱心　　　　图 8-67　丘比特之箭　　图 8-68　绿豆蛙

③制作如图8-67所示的丘比特之箭。

提示：用形状工具和路径描边制作丘比特之箭。

④仿照"卡通人"制作图8-68所示的绿豆蛙。

模块九
文字工具与应用

图像与文字密不可分，再美的图像缺少了文字的点缀和说明，其所表达的意义也不能很好地展示出来。在Photoshop中，文字通常作为一个单独的图层存在，利用文字工具输入文字即可创建一个文字图层，用户可以任意地编辑文字的字体、字号、颜色、缩放等属性，还可以沿路径输入文字。

学习目标

✦ 掌握文字工具的使用

✦ 掌握文字蒙版工具的使用

✦ 掌握路径文字的制作方法

✦ 了解LOGO、包装设计、海报设计

任务一

掌握文字工具的使用

◆ **任务概述**

通过完成下列案例，掌握文字工具的使用，会对文字进行编辑，会载入文字选区，会对文字进行变形操作等。

◆ **教学案例**

1.多彩的文字（见图9-1）　　　　　　　　　　2.变形字（见图9-2）

图 9-1　多彩的文字　　　　　　　　　　　　图 9-2　变形字

◆ **案例要点**

◎多彩的文字：输入文字，载入文字选区，填充，描边，修改边界。

◎变形字：载入文字选区，将选区转换成路径，编辑路径，将路径转换为选区，填充。

◆ **演示案例**

案例一　多彩的文字

（1）彩色字

①新建文档。文件名为"多彩的文字"，设置文档宽度、高度为"400像素×600像素"，分辨率为"72像素/英寸"，颜色模式为"RGB"，背景为"白色"。

②输入点文字。选择"横排文字工具"，在画布上单击，即可输入"点文字"，输入"彩色字"。字体、字号和文字颜色自定，如图9-3所示。

③载入文字选区。按住"Ctrl"键，单击图层调板上的文字图层，获得该文字的选区，如图9-4所示。

④填充彩色。新建图层，命名为"彩色字"。选择"线性渐变工具"，填充"色谱"。取消选区，效果如图9-5所示。

⑤按"Ctrl+S"键保存文件，其文件名为"彩色字.psd"。

彩色字　　彩色字　　彩色字

图 9-3　输入文字 　　　　图 9-4　载入文字选区 　　　图 9-5　彩色字

注意

不能在文字图层上填充颜色，填充颜色前要新建图层。

（2）空心字

①输入文字。选择"横排文字工具"，在画布上单击，输入"空心字"。字体、字号和文字颜色自定，如图9-6所示。

②载入文字选区。按住"Ctrl"键，单击图层调板上的文字图层，获得该文字的选区，如图9-7所示。

③描边。新建图层，命名为"空心字"。单击菜单"编辑"→"描边"，自定描边宽度和颜色。取消选区，隐藏文字图层，效果如图9-8所示。

空心字　　空心字　　空心字

图 9-6　输入文字 　　　　图 9-7　载入文字选区　　　图 9-8　空心字

④按"Ctrl+S"键保存文件。

（3）彩边字

①输入文字。选择"横排文字工具"，输入"彩边字"。字体、字号和文字颜色自定，如图9-9所示。

②载入文字选区。按住"Ctrl"键，单击图层调板上的文字图层，获得该文字的选区，如图9-10所示。

③修改边界。新建图层，命名"彩边字"。单击菜单"选择"→"修改"→"边界"，弹出如图9-11所示的"边界选区"对话框，设置宽度为"4"，单击"确定"按钮。选择"线性渐变工具"，填充"色谱"。取消选区，隐藏文字图层，效果如图9-12所示。

彩边字　　彩边字　　　　　彩边字

图 9-9　输入文字 　　图 9-10　载入文字选区 　　图 9-11　设置边界宽度 　　图 9-12　彩边字

④按"Ctrl+S"键保存文件。

案例二　变形字

①新建文档。文件名为"变形字"，设置文档宽度、高度为"600像素×300像素"，

分辨率为"72像素/英寸",颜色模式为"RGB",背景为"白色"。

②输入文字。选择"横排文字工具",输入"变形字",字体为宋体、字号和文字颜色自定,如图9-13所示。

③载入文字选区。按住"Ctrl"键,单击图层调板上的文字图层,获得该文字的选区,如图9-14所示。

④生成文字路径。选择"路径"调板,单击"从选区生成工作路径"按钮,如图9-15所示,将自动生成"工作路径",如图9-16所示。

变形字 变形字

图9-13　输入文字 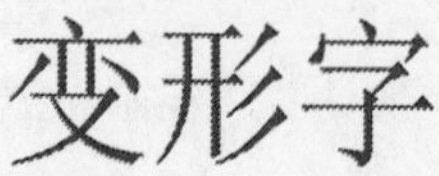　　　　图9-14　载入文字选区　　　图9-15　从选区生成工作路径

⑤编辑路径。在图层调板上隐藏文字图层,使用如图9-17所示的"直接选择工具"选项,对节点进行随意编辑,如图9-18所示。

图9-16　工作路径　　　　图9-17　直接选择工具　　　　图9-18　编辑节点

⑥将路径作为选区载入。选择"路径"调板,单击"将路径作为选区载入"按钮,如图9-19所示。将把生成工作路径作为选区载入,如图9-20所示。

图9-19　将路径作为选区载入　　　　图9-20　生成选区

⑦填充。可填充自己喜欢的颜色、渐变色,也可描边文字,完成效果如图9-2所示。

⑧按"Ctrl+S"键保存文件,其文件名为"变形字.psd"。同学们也可用这种方法为自己设计一个艺术签名。

任务二

掌握文字蒙版工具的使用

◆ 任务概述

通过完成下列案例，掌握文字工具及文字蒙版工具的使用。

◆ 教学案例

1.立体字（见图9-21） 　　　　　　2.泡菜面馆广告制作（见图9-22）

图 9-21　立体字

图 9-22　泡菜面馆广告制作

◆ 案例要点

◎立体字：直排文字蒙版工具的使用。

◎泡菜面馆广告制作：文字工具、横排文字蒙版工具的应用，文字的美化，感知整体版面布局。

◆ 演示案例

案例一　立体字

①新建文档。设置文档宽度、高度为"300像素×500像素"，分辨率为"72像素/英寸"，颜色模式为"RGB"，背景为"白色"。

②填充背景。设置前景色为"#8781FD"，按"Alt+Delete"键填充前景色。

③输入文字。选择"直排文字蒙版工具"，输入"立体字"，字体、字号自定，如图9-23所示。选择"移动工具"，文字立即变成了如图9-24所示的文字选区，移动文字选区的位置到画面中央。

图 9-23　直排文字蒙版工具　　　图 9-24　文字选区　　　图 9-25　新建 3 个图层

注意

◎选择文字蒙版工具，在图像文件上单击，画面将产生一个红色的蒙版区域，在这个区域中可以编辑修改文字。单击其他工具将退出蒙版状态，自动创建文字选区。

◎在确认文字选区输入完毕后，将无法再继续对其进行如字体、字号等文字属性的设置。

◎使用文字工具输入文字会自动创建文字图层，而使用文字蒙版工具输入文字不会添加任何新图层。

---

④新建图层1，填充前景色为"#8781FD"，也可自定，填充文字选区（背景色和文字颜色一样，此时看不到填充效果）。新建图层2，对文字选区填充为"黑色"。新建图层3，对文字选区填充为"白色"。按"Ctrl+D"键取消选区，如图9-25所示。

⑤调整图层顺序。选择"移动工具"，将与背景色相同的文字图层移动到最上层。选择白色文字图层，按键盘上的"向左""向上"的方向键各两下。选择黑色文字图层，按键盘上的"向右""向下"的方向键各两下。实质上是将3层文字错位显示，完成效果如图9-21所示。我们可以用这种方法制作包装设计中的压边效果。

⑥保存文件，输入文件名"立体字.psd"。

案例二　泡菜面馆广告制作

①新建文档。文件命名为"泡菜面馆"，设置文档宽度、高度为"778像素×693像素"，其他设置默认。

②填充背景。设置前景色为"#DB0100"，背景色为"#FFA800"，填充"线性渐变"，如图9-26所示。

图 9-26　填充背景　　　　　　图 9-27　绘制形状 1

③绘制形状1。新建图层，用"钢笔工具"绘制如图9-27所示的形状，按"Ctrl+Enter"键，将路径转换为选择区，填充颜色为"#FFA800"，效果如图9-28所示。

图 9-28　填充形状 1　　　图 9-29　绘制形状 2　　　图 9-30　填充形状 2

④绘制形状2。新建图层，隐藏背景层，用"钢笔工具"绘制如图9-29所示的形状，按"Ctrl+Enter"键，将路径转换为选择区，填充颜色为"#BD0E09"，效果如图9-30所示。

⑤打开素材。单击菜单"文件"→"打开"，打开"电子素材"/"9"/"任务二"/"案例二"文件夹中素材1—素材7，如图9-31所示。

素材1　　　　　　素材2　　　素材3　　　　　素材4

素材5　　　　　　素材6　　　　　　素材7

图9-31　素材1—素材7

⑥拖入素材1和素材2，调整其大小和位置至恰当，完成效果如图9-32所示。

⑦设置LOGO。拖入素材3，调整其大小和位置，设置其图层样式为"外发光"，参数自行设置，输入"欢迎品尝"文字，可为文字图层添加"投影"样式，效果如图9-33所示。

⑧添加素材。分别拖入素材4、素材5和素材6，调整其大小和位置，完成效果如图9-34所示。

图 9-32　添加素材　　　图 9-33　LOGO 外发光效果　　　图 9-34　添加素材

⑨图片贴入文字选区内。选择"横排文字蒙版工具"，设置字体为"华文琥珀"，字号为"72点"，输入"川味"。选择"移动工具"，文字变为选区。选择素材7文件窗口，按"Ctrl+A"键将图像全部选取，然后按"Ctrl+C"键复制图像。选择"泡菜面馆"文件，按

"Ctrl+Shift+V"键，将图像贴入文字选区内，调整图片大小。按"Ctrl+D"键取消选区，为文字描边，"白色"，"2像素"，完成效果如图9-35所示。

图9-35　将图片贴入文字选区内　　　　图9-36　文字效果

⑩添加文字。输入"泡菜面馆"，字体、字号、颜色自定，为其描边。输入文字"味道好极了！"，并为其添加"外发光"效果，完成效果如图9-36所示。

⑪广告整体效果如图9-22所示。保存文件，文件命名为"泡菜面馆.psd"。

小技巧

◎安装字体的方法：把该文件夹下想要的字体文件复制到"C:\Windows\Fonts"目录中即可。

◎文字被栅格化后便不能再更改字体、字号了。

任务三

会制作路径文字

◆ 任务概述

通过完成下列案例，会输入段落文字，会制作沿开放或闭合的路径边缘排列的文字效果。

◆ 教学案例

1.脚踏实地（见图9-37）　　　　2.节能环保中心徽章（见图9-38）

图9-37　脚踏实地　　　　　　　图9-38　节能环保中心徽章

◆ 案例要点

◎脚踏实地：绘制开放路径，编辑路径，制作开放路径文字。

◎节能环保中心徽章：绘制闭合路径，编辑路径，制作闭合路径文字。

◆ 演示案例

案例一　脚踏实地

①新建文档。新建文档，采用默认的Photoshop设置。

②输入段落文字。选择"横排文字工具"，在画布上拖曳出如图9-39所示的方块。要输入的文字及排版如图9-40所示的形式，字体为"宋体"，字号为"14点"，文字颜色为"黑色"。

图 9-39　段落文字　　　　　　　　图 9-40　输入段落文字

③画框。新建图层，名称为"画框"。设置颜色为"#6BD0FA"，选择"自定义形状工具"，在其工具选项栏上选择"像素"，用"画框7"形状画如图9-41所示的框。

④添加脚印。设置颜色为"#C7C8C8"，新建图层，分别画如图9-42所示的左脚、右脚图形。调整图层"不透明度"，并将脚印层拖至文字层的下方，效果如图9-42所示。

⑤画路径。用钢笔工具，画如图9-43所示的路径。

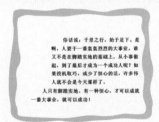　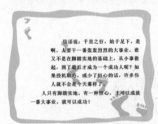　

图 9-41　画框　　　　　　图 9-42　添加脚印　　　　　　图 9-43　画路径

⑥输入沿路径的文字。选择"横排文字工具"，指向路径，鼠标变成" "形状，单击，输入文字"脚踏实地"，设置字体、字号、颜色自定，效果如图9-44所示。

⑦修饰标题文字。设置图层样式为"描边"，参数自定，完成效果如图9-37所示。

⑧按"Ctrl+S"键保存文件，其文件名为"脚踏实地.psd"。

图 9-44　输入沿路径的文字

案例二　节能环保中心徽章

①新建文档。名称为"节能环保中心徽章"，设置文档宽度、高度为"400像素×400像素"，分辨率为"72像素/英寸"，颜色模式为"RGB"，背景为"白色"。

②绘制图章边缘。选择"椭圆选框工具"，选择工具选项栏上的"路径选项"，按住"Shift"键从中心绘制圆形路径，打开"路径"调板，选择"工作路径"，双击路径名，将名称修改为"图章边缘"。

③描边路径。按"Ctrl+Shift+N"键新建图层，将名称修改为"图章边缘"，设置前景色为"#D03732"。选择尖角"画笔工具"，其参数设置如图9-45所示。打开"路径"调板，单击用"画笔描边路径"按钮，描边结果如图9-46所示。

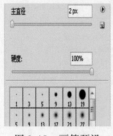
图 9-45　画笔预设

图 9-46　描边路径

图 9-47　绘制圆形区域

④绘制圆形区域。按"Ctrl+Shift+N"键，新建图层，将名称修改为"圆"，绘制圆形区域，填充前景色，如图9-47所示。

⑤绘制叶形中心图案。新建图层，将名称修改为"草"，在如图9-48所示的工具调板上，选择"自定形状工具"。在工具选项栏的"形状"下拉列表中找到"草3"，如图9-49所示。在如图9-50所示的工具选项栏上选择"像素"，设置前景色为"#62D032"，在图章中心拖曳，效果如图9-51所示。

图 9-48　自定形状工具

图 9-49　草 3

图 9-50　选择像素

⑥绘制文字路径。选择"椭圆选框工具"，选择工具选项栏的"路径"选项，按住"Shift"键，在图像中央绘制圆形路径，如图9-52所示。

⑦沿路径输入文字。打开"路径"调板，选择"工作路径"，将其名称修改为"文字1"。选择"横排文字工具"，在如图9-53所示的字符面板上设置字体为"黑体"，字号为"24

图 9-51 绘制草　　　　图 9-52 绘制文字路径　　　　图 9-53 字符调板

点", 间距为 "100"。将鼠标放在路径上, 鼠标指针变成 " 形状, 单击输入文字 "节能宣传周主题节能攻坚全民行动", 并用 "直接选择工具" 调整文字位置, 如图9-54所示。

⑧在文字两端绘制两个小五角星, 效果如图9-55所示。

图 9-54 输入沿路径的文字　　　　图 9-55 绘制两个小五角星

⑨绘制圆形路径。选择 "椭圆选框工具", 选定工具选项栏中的 "路径选项", 按住 "Shift" 键, 在图像中央绘制圆形路径。打开 "路径" 调板, 双击 "工作路径", 将名称修改为 "文字2"。

⑩输入图章底部文字 "节能环保中心", 字体为 "华文新魏", 字号为 "25点", 间距为 "300" "加粗"。调整文字位置, 完成效果如图9-38所示。

⑪保存文件, 输入文件名 "节能环保中心徽章.jpg"。

小技巧

要将文本翻转到路径的另一边, 用路径选择工具单击并横跨路径拖动文字即可。

相关理论

通过前面案例的学习, 我们了解了文字工具的使用。会对文字进行编辑, 会载入文字选区, 会对文字进行变形等操作, 还会输入段落文字, 尤其还学习了利用开放路径、闭合路径制作特殊排列的文字效果。

1.文字工具

文字工具组包括如图9-56所示的4个工具，即横排文字工具、直排文字工具、横排文字蒙版工具和直排文字蒙版工具。

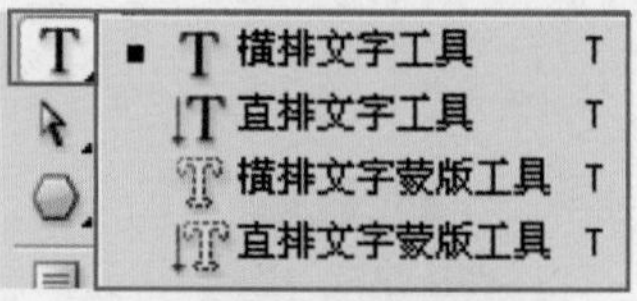

图 9-56　文字工具组

（1）横排文字工具 T

可以添加横排文本，并自动添加一个文字图层，工具选项栏如图9-57所示。

图 9-57　横排文字工具选项栏

①字体：常用的中文字体有宋体、黑体、楷体等。每个字体存放在一个字体文件中。

②字体样式：可设置文本加粗、斜体、加粗且斜体，或保持正常。

③字体大小：设置字符的宽度和高度。字体大小的取值范围为6~72。可以直接输入数值来设置字体大小，输入的范围为0.01~1 296。

④消除锯齿：有无、锐利、犀利、浑厚和平滑5种。

⑤对齐：设置文本的对齐方式。有左对齐、居中和右对齐3种。

⑥设置文本颜色：可为选定文本设置颜色。

⑦创建文字变形：可对文字进行扭曲变形。

⑧显示/隐藏字符和段落调板：可打开或关闭字符和段落调板。

（2）直排文字工具 ⫶T

可以添加竖排文本，工具选项栏如图9-58所示，其参数设置同横排文字工具基本相同。

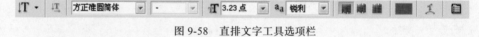

图 9-58　直排文字工具选项栏

（3）横排文字蒙版工具

可以添加横排文字的选区，不可设置文字的字体、字号等属性，不会添加新图层。工具选项栏如图9-59所示，其参数设置同横排文字工具基本相同。

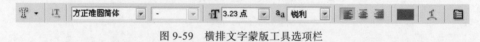

图 9-59　横排文字蒙版工具选项栏

（4）直排文字蒙版工具

可以添加竖排的文字选区，工具选项栏如图9-60所示，其参数设置同横排文字工具基本相同。

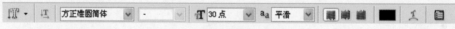

图 9-60　直排文字蒙版工具选项栏

2.点文字与段落文字

（1）点文字

选择文字工具，在画布上单击，则会看到"I"形光标，开始创建点文字。点文字的每行都是独立的，行的长度随字数的增加而增加，不能自动换行，可以按"Enter"键另起一行。

（2）段落文字

如果要创建段落文字，按下鼠标左键并沿着对角线方向拖曳出一个定界框，在定界框内输入文字，这样就创建了段落文字。

3.字符调板与段落调板

（1）字符调版

单击菜单"窗口"→"字符"，或者单击文字工具选项栏的"显示/隐藏字符和段落调板"按钮，可打开如图9-61所示的字符调板。

①设置行距：设置两行文字之间的距离。

②设置所选字符的字距调整：控制了所选文字之间的距离。

③设置基线偏移：设置选中文字水平排列时的偏移情况，正数向上偏移，负数向下偏移。

④设置特殊模式：将选中的文字显示或取消特殊设置，包括仿粗体、仿斜体、全部大写字母、小型大写字母、上标、下标，下画线和删除线等。

（2）段落调板

单击菜单"窗口"→"段落"，或者单击文字工具选项栏的"显示/隐藏字符和段落调板"按钮，打开段落调板，如图9-62所示。

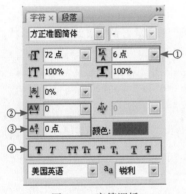

图 9-61　字符调板

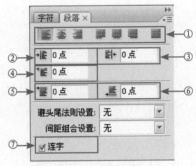

图 9-62　段落调板

①段落对齐方式：单击其中的按钮，所在的段落以相应的方式对齐。

②左缩进：设置当前段落左侧的缩进值。

③右缩进：设置当前段落右侧的缩进值。

④首行缩进：设置选中段落的首行相对于其他行的缩进值。

⑤段前添加空格：设置当前段落与上一段落之间的距离。

⑥段后添加空格：设置当前段落与下一段落之间的距离。

⑦连字：设置手动或自动断字。

4.变形文字

选中文字，单击工具选项栏上的"创建文字变形"按钮 工，弹出如图9-63所示的"变形文字"对话框。

①样式：单击右侧的下拉按钮，可看到15种样式。图9-64就是应用了变形样式的效果。

②方向：为文字添加水平变形或垂直变形效果。

③弯曲：设置文字弯曲的程度。

④水平扭曲：设置文字水平扭曲的程度。

⑤垂直扭曲：设置文字垂直扭曲的程度。

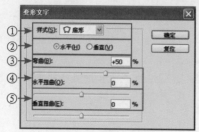 

图 9-63　变形文字对话框　　　　　　　　　　图 9-64　变形文字实例

5.路径文字

路径文字是指沿着开放或闭合的路径边缘排列的文字。

（1）文字沿开放路径排列

选择文字工具，将鼠标指针放到已有的开放路径上，此时鼠标指针变为 形状，单击，输入文字，文字会沿路径显示。

（2）文字在闭合路径内排列

选择文字工具，将鼠标指针放到已有的闭合路径内，此时鼠标指针变为 形状，单击，输入文字，文字会在闭合路径内显示。

XIANGGUANLILUN

实　训

心相印面巾纸LOGO设计

◆ 完成效果

完成效果如图9-65所示。

图 9-65　心相印面巾纸 LOGO 设计

◆ **实训目的**

掌握用路径工具制作变形文字的方法与技巧。

◆ **技能要点**

◎栅格化文字层。

◎钢笔工具勾画路径，对路径形变、填充。

◎字符调板的使用。

◆ **操作步骤**

①新建文档。设置文档宽度、高度为"800像素×525像素"，分辨率为"100像素/英寸"，颜色模式为"RGB"，背景内容为"白色"。命名为"心相印"。

②绘制形状。新建图层，画椭圆，填充颜色为"#B53842"。新建图层，用"钢笔工具"绘制如图9-66所示的形状。

③填色。按"Ctrl+Enter"键，将路径转换为选择区，填充颜色为"白色"，如图9-67所示。

④绘制心形。新建图层，用"钢笔工具"绘制如图9-68所示的形状。

图 9-66　绘制形状　　　　图 9-67　填充颜色　　　　图 9-68　绘制心形

⑤填充渐变。按"Ctrl+Enter"键，将路径转换为选区。设置前景色为"白色"，背景颜色为"# EF7E47"，填充"线性渐变"，如图9-69所示。

⑥绘制小心形。新建图层，用"钢笔工具"绘制如图9-70所示的形状。

⑦填色。按"Ctrl+Enter"键，将路径转换为选择区，填充颜色为"白色"，如图9-71所示。

图 9-69　填充渐变　　　　图 9-70　绘制心形　　　　图 9-71　填充白色

⑧制作变形笔画。输入文字"相"，设置字体为"黑体"，大小为"230"点。栅格化文字图层，用"橡皮擦工具"擦除"目"字旁的上横线，用"钢笔工具"勾画出如图9-72所示

的变形笔画1形状。按"Ctrl+Enter"键,将路径转换为选择区,填充颜色为"白色"。

图 9-72　制作变形笔画 1　　　　图 9-73　制作变形笔画 2　　　　图 9-74　变形笔画填色

用同样的方法制作如图9-73所示的变形笔画2,填充颜色为"白色",效果如图9-74所示。

⑨继续制作变形笔画输入文字"印",字体为"黑体",大小为"230"点。栅格化文字图层。制作如图9-75所示的变形笔画3,填充颜色为"白色"。制作如图9-76所示的变形笔画4,填充颜色为"白色"。完成效果如图9-77所示。

图 9-75　制作变形笔画 3　　　　图 9-76　制作变形笔画 4　　　　图 9-77　完成效果

⑩输入文字。输入文字"Mind Act Upon Mind""Facial Tissues 面巾纸""For soft and comfortable life you can really feel good""柔软舒适好心情",设置文字的"字符"调板如图9-78所示,版面效果如图9-79所示。制作®。

图 9-78　字符调板　　　　　　　　　图 9-79　版面效果

⑪完善细节。添加背景色,用画笔添加花纹,完成效果如图9-65所示。

⑫保存文件,输入文件名"心相印 LOGO.jpg"。

优秀LOGO设计欣赏,如图9-80所示。

图 9-80　LOGO 欣赏

◆ 课后练习

上机题

（1）用如图9-81所示素材设计如图9-82所示的超市海报。

图 9-81　超市海报素材

图 9-82　超市海报

（2）用如图9-83所示素材设计图9-84所示的薄脆饼干包装（也可自选其他包装设计）。

图 9-83　薄脆饼干包装素材

图 9-84　薄脆饼干包装效果图

（3）设计如图9-85所示的蓝火苗LOGO。

图 9-85　蓝火苗

模块十
滤镜特效

在Photoshop中，滤镜泛指能对图片快速构成各种修饰效果的一些工具集合，主要是用来实现图像的各种特效效果。

学习目标

✛ 掌握模糊、风格化、渲染等滤镜的使用

✛ 掌握滤镜库、渲染、纹理、风格化、扭曲等滤镜的使用

✛ 掌握液化、消失点滤镜的使用

任务一

学习常用滤镜组（一）

◆ 任务概述

通过完成下列案例，掌握模糊、风格化、渲染等滤镜的使用。

◆ 教学案例

1.森林里的阳光（见图10-1）

图 10-1　森林里的阳光

2.水墨田园（见图10-2）

图 10-2　水墨田园

3.手绘树（见图10-3）

图 10-3　手绘树

◆ **案例要点**

◎森林里的阳光：模糊滤镜中径向模糊滤镜的使用。

◎水墨田园：风格化滤镜中查找边缘滤镜的应用。

◎手绘树：渲染滤镜中的树滤镜的使用。

◆ **演示案例**

案例一 森林里的阳光

①打开素材。打开"电子素材"/"10"/"任务一"/"案例一"文件夹中"森林.jpg"文件。

②复制背景图层。按"Ctrl+J"键，可复制背景图层，也可将背景图层拖到图层调板的"创建新图层"按钮上。

③滤镜特效。选择复制的背景图层，单击菜单"滤镜"→"模糊"→"径向模糊"，设置如图10-4所示的参数，注意数量、模糊方法和中心模糊的调整，完成效果如图10-5所示。

④调整图层混合模式。将模糊的图层混合模式设置为"变亮"，完成效果如图10-6所示，好像一缕熙和的阳光从左上角射入，带给人光明与希望。

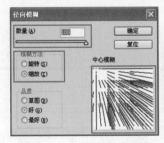  

图 10-4 径向模糊参数设置　　图 10-5 径向模糊效果　　图 10-6 变亮模式

⑤按"Ctrl+S"键保存文件，文件名自定。

案例二 水墨田园

①打开"电子素材"/"10"/"任务一"/"案例二"文件夹中如图10-7所示"水墨田园素材.jpg"文件。

②复制图层。按"Ctrl+J"键复制背景为"图层1"。选择菜单"滤镜"→"风格化"→"查找边缘"，完成效果如图10-8所示。

图 10-7 水墨田园素材　　图 10-8 查找边缘

图 10-9　黑白参数设置　　　　图 10-10　黑白效果

③单击菜单"图像"→"调整"→"黑白"，参数如图10-9所示。完成效果如图10-10所示。保存文件，文件名自定。

案例三　手绘树

①新建文档。设置文档宽度、高度为"500像素×500像素"，分辨率为"72像素/英寸"，颜色模式为"RGB"，背景为"白色"。

②绘制路径。用"钢笔工具"随意绘制如图10-11所示的路径。

③树滤镜。保持路径选中状态，单击菜单"滤镜"→"渲染"→"树…"，弹出如图10-12所示的对话框，参数默认，单击"确定"按钮。同学们也可以随意调试各参数，看看效果，满意后保存文件。

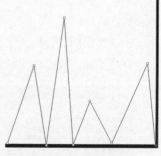

图 10-11　绘制路径

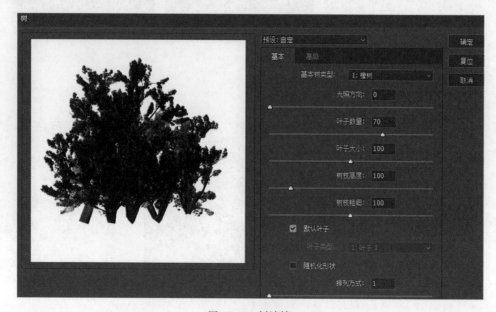

图 10-12　树滤镜

任务二

学习常用滤镜组（二）

◆ **任务概述**

通过完成下列案例，掌握滤镜库、渲染、纹理、风格化、扭曲等滤镜的使用。

◆ **教学案例**

1.小憩（见图10-13）

图 10-13　小憩

2.皮球（见图10-14）

图 10-14　皮球

3.飘雪（见图10-15）

图 10-15　飘雪

◆ **案例要点**

◎小憩：画笔描边滤镜中强化的边缘滤镜的应用。

◎皮球：渲染滤镜中云彩和光照效果，纹理滤镜中染色玻璃，风格化滤镜中浮雕效果以及扭曲滤镜中球面化的应用。

◎飘雪：像素化滤镜中的铜版雕刻和模糊滤镜中的动感模糊滤镜的使用。

◆ 演示案例

案例一 小憩

①打开文件。打开"电子素材"/"10"/"任务二"/"案例一"文件夹中"小憩素材.jpg"文件，如图10-16所示。

②转换为智能对象。右击背景图层，弹出如图10-17所示的快捷菜单，选择"转换为智能对象"。我们知道滤镜具有破坏性，本案例使用智能滤镜，这样就在不破坏原图的基础上非常方便管理和修改滤镜效果。

③选择菜单"滤镜库"→"画笔描边"→"强化的边缘"，设置如图10-18所示的参数。单击"确定"按钮，完成效果如图10-19所示。

④隐藏滤镜效果。单击如图10-20所示图层调板上智能滤镜左边的眼睛图标，可隐藏滤镜效果。双击缩略图还可重新选择需要的滤镜，效果满意后保存文件，文件名自定。

图 10-16　小憩素材

图 10-17　快捷菜单

图 10-18　强化的边缘参数设置

图 10-19　强化的边缘效果

图 10-20　图层调板

案例二 皮球

①新建文档。设置文档宽度、高度为"500像素×500像素"，分辨率为"72像素/英寸"，颜色模式为"RGB"，背景为"白色"。设置前景色与背景色为皮革色的浅色"#a76d37"与深色"#57361f"，单击菜单"滤镜"→"渲染"→"云彩"，效果如图10-21所示。

图 10-21　云彩效果

②新建图层1。填充为灰色（#7a7a7a），单击菜单"滤镜库"→"纹理"→"染色玻璃"，染色玻璃滤镜参数设置如图10-22所示。

③单击菜单"滤镜"→"风格化"→"浮雕效果"，参数设置如图10-23所示。

图 10-22　染色玻璃滤镜参数设置

④把图层1的图层混合模式更改为"叠加"，完成效果如图10-24所示。

图 10-23　浮雕效果滤镜

图 10-24　叠加效果

⑤制作正圆。按"Ctrl+E"键将图层1和背景图层合并到一起。用"椭圆选框工具"画正圆，获得正圆选区，按"Ctrl+J"键复制所选取的正圆为新图层，隐藏背景图层，完成效果如图10-25所示。

⑥球面化。按住"Ctrl"键单击正圆图层缩览图，获得正圆选区，单击菜单"滤镜"→"扭曲"→"球面化"，参数设置如图10-26所示，完成效果如图10-27所示。按"Ctrl+D"键取消选择。

图 10-25　制作正圆

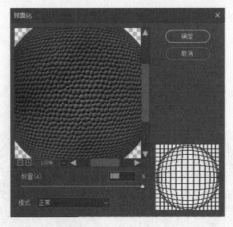

图 10-26　球面化滤镜

⑦光照效果。单击菜单"滤镜"→"渲染"→"光照效果"，参数设置如图10-28所示，完成效果如图10-29所示。

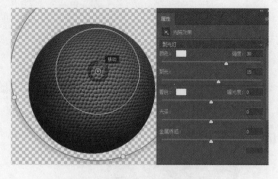

图 10-27 球面化效果 图 10-28 光照效果参数设置

⑧创建新的调整图层。单击图层调板上"创建新的填充或调整图层"按钮，选择"曲线…"，在弹出的对话框中设置参数，如图10-30所示。完成一个皮球的制作。保存文件。

⑨拓展练习。学有余力的同学可尝试完成如图10-31所示的效果。

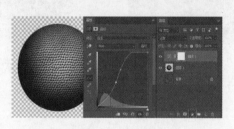

图 10-29 光照效果 图 10-30 创建新的调整图层 图 10-31 皮球拓展

案例三 飘雪

①打开文件。打开"电子素材"/"10"/"任务二"/"案例三"文件夹中如图10-32所示"雪景素材.jpg"文件。

②新建图层，填充为黑色。单击菜单"滤镜"→"像素化"→"铜版雕刻"，类型选择"粗网点"，参数设置如图10-33所示。

③单击菜单"滤镜"→"模糊"→"高斯模糊"，参数设置如图10-34所示。

图 10-32 雪景素材 图 10-33 铜版雕刻 图 10-34 高斯模糊

④单击菜单"图像"→"调整"→"阈值"，将阈值参数调整为"99"，如图10-35所示。

⑤单击菜单"滤镜"→"模糊"→"动感模糊"，参数设置如图10-36所示。

⑥设置图层模式为滤色，完成效果如图10-37所示，雪花飘飘，效果明显。

⑦按"Ctrl+S"键保存文件。

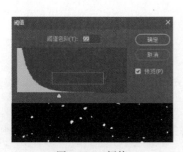
图 10-35　阈值

图 10-36　动感模糊

图 10-37　滤色模式

任务三

学习特殊滤镜组

◆ 任务概述

通过完成下列案例，掌握液化、消失点滤镜的使用。

◆ 教学案例

1.小狗准妈妈（见图10-38）

图 10-38　小狗准妈妈

2.助力乡村振兴（见图10-39）

图 10-39　助力乡村振兴

◆ 案例要点

◎小狗准妈妈：用液化滤镜中的各种工具进行制作。

◎助力乡村振兴：用消失点滤镜为宣传栏贴宣传标语。

◆ 演示案例

案例一 小狗准妈妈

①打开文件。打开"电子素材"/"10"/"任务三"/"案例一"文件夹中"小狗准妈妈素材.jpg"文件。

②单击菜单"滤镜"→"液化"。选择如图10-40所示的"膨胀工具"，参数设置如图10-41所示。对小狗肚子部分进行推压，完成效果如图10-42所示。显然有点失真，必须进行细微处理。

图 10-40　膨胀工具　　　　图 10-41　膨胀工具参数设置　　　　图 10-42　膨胀效果

③选择如图10-43所示的"平滑工具"，梳理毛发走向，完成效果如图10-44所示。

④选择如图10-45所示的"褶皱工具"，混合毛发，完成效果如图10-46所示。保存文件。

图 10-43　平滑工具　　　图 10-44　平滑效果　　　图 10-45　褶皱工具　　　图 10-46　褶皱效果

案例二 助力乡村振兴

①打开文件。打开"电子素材"/"10"/"任务三"/"案例二"文件夹中如图10-47、图10-48所示"乡村素材1.jpg""乡村素材2.jpg"文件。这是乡村小河堤岸边的随拍，我们可

以用所学的知识为这组宣传栏添加宣传标语，为乡村振兴助力。

图 10-47 乡村素材 1

图 10-48 乡村素材 2

②任务分析。宣传内容："1.建设美丽乡村，共享美好家园。2.周围多栽树，乡村胜都市。3.新政策，新农村，新农民，新形象。4.注重文化传承，彰显乡村魅力。5.农村要环保，青山绿水好。6.扶贫帮困，患难相助。"如何把这些宣传标语贴入宣传栏上？这就要学习消失点滤镜和渐隐消失点设置。

③输入文字。选择"乡村素材2.jpg"文件，用"直排文字工具"输入文字"建设美丽乡村共享美好家园"，如图10-49所示。按"Ctrl+A"键全选，按"Ctrl+C"键拷贝，按"Ctrl+D"键取消选择。隐藏文字图层。

④新建图层。按"Ctrl+Shitf+N"键新建图层1。

⑤绘制平面。选择图层1，单击菜单"滤镜"→"消失点"，用图10-50所示的"创建平面工具"绘制图如图10-51所示的平面。为了查看细节，可用如图10-52所示的"缩放工具"，直接在图像上单击就放大，按住"Alt"键单击就缩小。

图 10-49 输入文字　　图 10-50 创建平面工具　　图 10-51 绘制平面　　图 10-52 缩放工具

⑥粘贴文字并调整大小。按"Ctrl+V"键粘贴文字，用如图10-53所示的"变形工具"调整文字大小，按住"Shift"键可成比例缩放，合适后拖入到上步绘制的平面中，如图10-54所示，单击"确定"按钮，完成文字效果如图10-55所示。

图 10-53 变形工具　　图 10-54 调整文字　　图 10-55 文字效果

⑦调整文字效果。文字效果和底图不融洽,单击菜单"编辑"→"渐隐消失点",在弹出的对话框中设置如图10-56所示,效果如图10-57所示。

⑧用同样的方法完成其他宣传栏的设计,效果如图10-58所示。

⑨保存文件。同学们还可以自己创意设计这一组宣传栏,为决策者提供参考。

图10-56 设置渐隐消失点　　图10-57 调整文字效果　　图10-58 助力乡村振兴

相关理论

1.风格化滤镜组

风格化滤镜通过置换像素和查找方式增加图像的对比度,在选区中生成绘画或印象派的效果,包括查找边缘、等高线、风、浮雕效果、扩散、拼贴、曝光过度、凸出等滤镜。例如查找边缘滤镜,效果如图10-59所示,突出边缘效果,用相对于白色背景对比明显的黑色线条勾勒图像的边缘,这对生成图像周围的边界非常有用。

图 10-59 查找边缘效果

2.模糊滤镜组

模糊滤镜组能使图像变得柔和、朦胧,包括表面模糊、动感模糊、方框模糊、高斯模糊、进一步模糊、径向模糊、镜头模糊、模糊、平均、特殊模糊、形状模糊等滤镜。例如径向模糊滤镜,它是模拟缩放或旋转的相机而产生的模糊,选取旋转,将沿同心圆环线模糊,效果如图10-60所示。

图 10-60 径向模糊效果

3.扭曲滤镜组

扭曲滤镜组是一种破坏性滤镜,通过扭曲图像来达到一种特殊效果,包括波浪、波纹、极坐标、挤压、切变、球面化、水波、旋转扭曲和置换等滤镜。例如海洋波纹滤镜,效果如图10-61所示,它将

图 10-61 波纹效果

随机分隔的波纹添加到图像表面，使图像看上去像是在水中。

4.锐化滤镜组

锐化滤镜组可以对图像中的模糊效果进行调整，使图像更清晰。包括USM锐化、防抖、进一步锐化、锐化、锐化边缘和智能锐化等滤镜。例如智能锐化滤镜，效果如图10-62所示，通过设置锐化算法或控制阴影和高光中的锐化量来锐化图像，使锐化更自然。

图 10-62　智能锐化效果

5.像素化滤镜组

像素化滤镜组是通过将图像分成一定的区域，把这些区域转换为相应的色块，再由色块构成图像，类似于平面设计中色彩构成的效果，包括彩块化、彩色半调、点状化、晶格化、马赛克、碎片、铜版雕刻等滤镜。例如晶格化滤镜，如图10-63所示，使像素结块形成多边形纯色。

图 10-63　晶格化效果

6.渲染滤镜组

渲染滤镜组可以在图像中创建三维形状、云彩图案和三维光照效果，包括火焰、图片框、树、分层云彩、光照效果、镜头光晕、纤维、云彩等滤镜。例如镜头光晕滤镜，模拟亮光照射到相机镜头所产生的折射，如图10-64所示。

图 10-64　镜头光晕效果

7.杂色滤镜组

杂色滤镜组主要功能是在图像中添加或者减少杂点，有助于将选区混合到周围的像素中，包括减少杂色、蒙尘与划痕、祛斑、添加杂色、中间值等滤镜。例如蒙尘与划痕，通过更改相异的像素减少杂色。为了在锐化图像和隐藏瑕疵之间取得平衡，可以尝试半径与阈值设置的各种组合，效果如图10-65所示。

图 10-65　蒙尘与划痕效果

8.滤镜库

（1）画笔描边滤镜组模拟使用不同的

画笔和油墨进行描边处理，仿造纸上绘画的效果，包括成角的线条、墨水轮廓、喷溅、喷色描边、强化的边缘、深色线条、烟灰墨、阴影线8种滤镜。例如烟灰墨滤镜，效果如图10-66所示，以日本画的风格绘画图像，看起来像是用蘸满油墨的画笔在宣纸上绘画的效果，创建柔和的模糊边缘。

图 10-66　烟灰墨效果

（2）素描滤镜组可以选择不同的画笔和油墨，仿制纸上绘画的效果，包括半调图案、便条纸、粉笔和炭笔、铬黄、绘图笔、基底凸现、水彩画纸、撕边、塑料效果、炭笔、炭精笔、图章、网状、影印14种滤镜。例如半调图案滤镜，在保持连续的色调范围的同时，模拟半调网屏的效果，为图像添加图案，图案类型有圆形、网点和直线3种，如图10-67所示的效果是添加了直线类型。

图 10-67　半调图案效果

（3）纹理滤镜组主要用于为图像产生深度感外观或添加纹理化外观，包括龟裂缝、颗粒、马赛克拼贴、拼缀图、染色玻璃、纹理化6种滤镜。例如龟裂缝滤镜，将图像绘制在一个高凸现的石膏表面上，以循着图像等高线生成精细的网状裂缝。使用此滤镜可以对包含多种颜色值或灰度值的图像创建浮雕效果，如图10-68所示。

图 10-68　龟裂缝效果

（4）艺术效果滤镜组主要用来表现不同的绘画艺术效果，包括壁画、彩色铅笔、粗糙蜡笔、底纹效果、调色刀、干画笔、海报边缘、海绵、绘画涂抹、胶片颗粒、木刻、霓虹灯光、水彩、塑料包装、涂抹棒共15种滤镜。使用艺术效果中的滤镜，可以为美术或商业项目制作绘画效果或艺术效果。如图10-69所示的木刻效果，可用于拼贴或印刷。

滤镜库中还有风格化和扭曲，同学们自学。

图 10-69　木刻效果

9.其他滤镜组

其他滤镜组包括高反差保留、位移、自定最大值和最小值等滤镜。高反差保留滤镜在照片的美容与修饰中使用较为广泛。

实　训

燃烧的奥运五环

◆ 完成效果

完成效果如图10-70所示。

图 10-70　燃烧的奥运五环

◆ 实训目的

掌握风格化滤镜和扭曲滤镜的使用，会制作穿环效果，会为中间效果创建快照，并应用快照制图以及熟悉图像模式的转换。

◆ 技能要点

◎制作环环相扣效果。

◎创建快照。

◎风格化滤镜运用。

◎波纹滤镜运用。

◎图像模式转换。

◆ 操作步骤

①新建文档。设置文档宽度、高度为"600像素×600像素"，分辨率为"72像素/英寸"，颜色模式为"RGB"，背景内容为"白色"。

②填充背景。按字母键"D"，将前景色和背景色设为默认，按"Alt+Delete"键填充为黑色。

③绘制五环。新建图层，命名为"环1"，绘制如图10-71所示的圆环，填充为红色，效果如图10-72所示。

图 10-71　绘圆环

图 10-72　绘红环

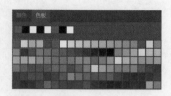
图 10-73　色板

保持选区，新建图层，命名为"环2"，填充为黄色，依次新建"环3""环4""环5"，分别填充如图10-73所示色板上的前5种颜色。图层调板如图10-74所示。调整各环位置至如图10-75所示。

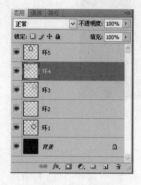
图 10-74　图层面板

图 10-75　绘制五环

④制作环环相扣效果。按住"Ctrl"键单击"环1"图层，获得环1选区，如图10-76所示，选择"环2"图层为当前工作图层，用"椭圆选框工具"选择环1与环2交叉处，按"Delete"键删除，取消选区，看到环1与环2串在一起了，效果如图10-77所示。用同样的方法将其他环串在一起，效果如图10-78所示。

图 10-76　获得环 1 选区

图 10-77　环 1 与环 2 相串

图 10-78　环环相扣效果

小技巧

制作环环相扣效果关键之处在于，获得图层面板下方环的选区，删除在图层面板上方的环。

⑤合并五环。在图层面板上按住"Shift"键，选中环1至环5，按"Ctrl+E"键，合并所选图层。此时图层面板如图10-79所示。

图 10-79　合并五环　　　　　　　图 10-80　创建快照

⑥创建快照。单击"历史记录"面板上如图10-80所示"创建新快照"按钮，将五环图创建成快照1。

⑦制作燃烧效果。将五环图层与背景层合并，将画布"顺时针旋转90度"，设置"风格化"滤镜中的"风"，方向选择"从左"，如图10-81所示。按"Alt+Ctrl+F"键，重复执行风格化滤镜，制作的火苗效果如图10-82所示。

将画布"逆时针旋转90度"。火苗效果比较生硬，添加"波纹"滤镜，选择"小波"，数量为"330%"，如图10-83所示。完成效果如图10-84所示。

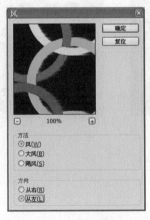
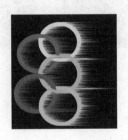
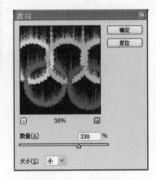

图 10-81　风格化滤镜 - 风　　　　图 10-82　风效果　　　　图 10-83　波纹滤镜

图 10-84　波纹效果　　　　　　图 10-85　灰度模式

⑧图像模式转换。先单击菜单"图像"→"模式"→"灰度"，将图像模式转换成灰度模式，如图10-85所示。再单击菜单"图像"→"模式"→"索引颜色"，将图像模式转换成索引颜色模式。然后，单击菜单"图像"→"模式"→"颜色表"，弹出如图10-86所示的对话框，在下拉框中选择"黑体"。此时火炬熊熊燃烧起来。单击菜单"图像"→"模式"→"RGB颜色"，将图像模式转换为RGB颜色模式。

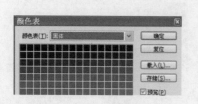

图 10-86　颜色表

图 10-87　图层面板

⑨制作燃烧的五环。选取燃烧的五环，按"Ctrl+C"键复制，选择"历史记录"面板上原先创建的快照1，按"Ctrl+V"键粘贴，调整图层顺序，此时图层面板如图10-87所示。打开"电子素材"/"10"/"实训"文件夹中如图10-88所示"火炬.png"文件。

⑩链接火炬图层和快照图层，调整大小至如图10-89所示。完成效果如图10-90所示。保存文件。

图 10-88　火炬

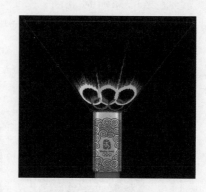

图 10-89　调整大小

图 10-90　完成效果

◆　课后练习

上机题

（1）镜头光晕。

打开"电子素材"/"10"/"作业"/"素材"文件夹中如图10-91所示的素材，制作完成如图10-92所示的效果。

提示："滤镜"→"渲染"→"镜头光晕"，镜头类型为"电影镜头"。

图 10-91　镜头光晕素材

图 10-92　镜头光晕

（2）雨天风景图。

打开"电子素材"/"10"/"作业"/"素材"文件夹中如图10-93所示的素材，制作完成如图10-94所示的效果。

提示：用动感模糊滤镜，杂色滤镜制作雨天。可以用橡皮擦工具进行擦除，形成雨点断层效果。

图 10-93　雨天素材　　　　　　　　图 10-94　雨天

（3）炫彩效果。

打开"电子素材"/"10"/"作业"/"素材"文件夹中如图10-95所示的素材，制作完成如图10-96所示的效果。

提示：去色，扭曲，径向模糊，上色，图层叠加模式。

图 10-95　炫彩素材　　　　　　　　图 10-96　炫彩

模块十一
通道与蒙版

通道是Photoshop中的一个重要概念，相对而言，学习起来有一定难度。我们既可以利用通道改善图像的品质，创造复杂的艺术效果，又可以利用通道制作精确的选区，对选区进行各种处理，还可以利用图像调整命令对通道进行色阶、曲线、色相/饱和度等的调整。

蒙版是相对于图层起作用的，它是通道在图层上的直接表现形式，也是图层与通道联系的纽带。图层蒙版可以用来遮蔽整个图层组，或者只遮蔽单个图层，也可以对其进行各种编辑。

学习目标

⊕ 理解通道的实质

⊕ 会用通道制作特殊的效果图

⊕ 合理使用蒙版进行图像的合成

⊕ 巧用剪贴蒙版制作图像效果

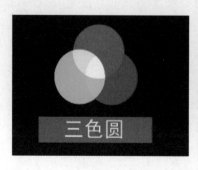

初识通道

◆ **任务概述**

认识并理解通道实质，了解通道的分类。

◆ **教学案例**

1.三色圆（见图11-1）

图 11-1　三色圆

2.分离火焰（见图11-2）

图 11-2　分离火焰

◆ **案例要点**

◎三色圆：在3个原色通道中填充白色，观察颜色变化。

◎分离火焰：将通道作为选区载入，复制通道中的信息。

◆ **演示案例**

案例一　三色圆

①新建文档。设置文档宽度、高度为"640像素×480像素"，颜色模式为"RGB"模式，文件名为"三色圆.jpg"，选择前景色为"#000000"，按"Alt+Delete"键填充图层背景为"黑色"。

②打开通道调板，有红（R）、绿（G）、蓝（B）3个原色通道以及一个用于编辑图像的RGB复合通道。选中如图11-3所示的"红"通道，建立一个大小合适的圆选区，选择前景色为"#FFFFFF"，按"Alt+Delete"键填充，效果如图11-4所示。

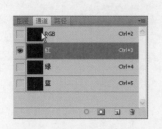

图11-3　选中红通道　　　　　　　　　图11-4　在红通道填充白色圆

③在绿通道里制作白色圆。向左下拖动选区到适当位置（与白色圆有重叠），如图11-5所示。选中"绿"通道，按"Alt+Delete"键填充为"白色"，如图11-6所示。

④在蓝通道里制作白色圆。向右拖动选区到适当位置（与白色圆有重叠），如图11-7所示。选中"蓝"通道，按"Alt+Delete"键填充为"白色"，如图11-8所示。按"Ctrl+D"键取消选区。

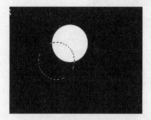

图 11-5　调整选区位置　　　　　　　　图 11-6　在绿通道填充白色圆

图 11-7　调整选区位置　　　　　　　　图 11-8　在蓝通道填充白色圆

⑤选中如图11-9所示的"RGB"通道，切换到"图层"调板，图像效果如图11-10所示。

图 11-9　通道调板　　　　　　　　　　图 11-10　三色圆

为什么在3个原色通道里填充的白色圆会在RGB通道里显示成红、绿、蓝，两两相交部分分别显示为青色、品红、黄色，而三色相交部分显示为白色呢？

⑥制作随机颜色的矩形并观察通道。设置前景色为如图11-11所示的颜色值，在背景图层上建立矩形选区，填充，效果如图11-12所示。

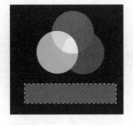

图 11-11　设置 RGB　　　　图 11-12　填充矩形

切换到红、绿、蓝通道观察，为什么会显示成如图11-13所示的不同灰度级别的矩形呢？

图 11-13　查看 3 个通道的灰度级

⑦切换到"图层"调板，利用文字工具在矩形条上输入"三色圆"三字，颜色、字体、字号自定，效果如图11-1所示。

⑧按"Ctrl+S"键保存文件，文件名为"三色圆.jpg"。

案例二　分离火焰

①打开素材。打开"电子素材"/"11"/"任务一"/"案例二"文件夹中如图11-14所示"火焰素材.jpg"文件。

②载入红通道。打开"通道"调板，选中"红"通道，单击右下方如图11-15所示的"将通道作为选区载入"按钮，此时文档窗口如图11-16所示。

③复制红通道中的信息。选择如图11-17所示的"RGB"通道。切换到"图层"调

图 11-14　火焰素材

图 11-15　将通道作为选区载入

图 11-16　载入红通道

板，按"Ctrl+J"键，得到图11-18所示的图层1，将其改名为"红"。

图 11-17　RGB 通道

图 11-18　复制红通道中的信息

图 11-19　选择"绿"通道

　　④复制绿通道中的信息。重新选择"背景"图层，切换到"通道"调板，选择如图11-19所示的"绿"通道，单击"将通道作为选区载入"按钮，获得如图11-20所示的"绿"通道中的信息。选择"RGB"通道，再次切换到"图层"调板，重新选择"背景"图层，按"Ctrl+J"键，得到"图层1"，将其改名为"绿"，此时图层调板如图11-21所示。

　　⑤复制蓝通道中的信息。用同样的方法载入如图11-22所示的"蓝"通道，并复制"蓝"通道中的信息，将其改名为"蓝"。

图 11-20　载入绿通道

图 11-21　图层调板

图 11-22　载入蓝通道

　　⑥隐藏背景图层，此时图层调板如图11-23所示。我们顺利地把火焰从黑色背景中分离出来了，效果如图11-24所示。

　　⑦保存文件，将文件命名为"分离火焰.png"，文件格式为透明图片格式，完成效果如图11-25所示。

图 11-23　图层调板

图 11-24　透明图片格式

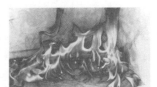

图 11-25　分离火焰

掌握通道的编辑与应用

◆ 任务概述

通过完成下列案例，掌握通道的编辑技巧，学会通道抠图的方法。

◆ 教学案例

1.香菌广告（见图11-26）

图 11-26　香菌广告

2.冰爽可口（见图11-27）

图 11-27　冰爽可口

◆ 案例要点

　　◎香菌广告：利用通道编辑制作特殊的广告文字效果。

　　◎冰爽可口：在通道中分别抠出冰块、草莓、杯子、瓶子，组合成图像。

◆ 演示案例

　　案例一　香菌广告

　　①打开素材。打开"电子素材"/"11"/"任务二"/"案例一"文件夹中"香菌素材.jpg"素材图片。

　　②复制图层。按"Ctrl+J"键复制背景图层为"图层1"。用"快速选择工具"选择如图11-28所示的香菌部分，按"Ctrl+J"键复制香菌部分为"图层2"。

　　③虚化背景。用"快速选择工具"在图层1中选择如图11-29所示的背景部分，选择菜单"滤镜"→"模糊"→"方框模糊"，参数设置如图11-30所示，单击"确定"按钮。按"Ctrl+D"键取消选择。

图 11-28　选择香菌部分　　　图 11-29　选择背景部分　　　图 11-30　方框模糊

　　④输入文字。用"横排文字工具"输入文字："菌色诱人"，设置字体为"华文琥珀"，字号为"380点"，颜色为"白色"，调整好位置。

　　⑤处理文字。右击文字图层，选择"栅格化文字"命令，将文字图层转换为普通图层。按住"Ctrl"键单击该文字图层，将文字作为选区载入。打开"通道"调板，单击如图11-31所示的"将选区存储为通道"按钮，创建一个"Alpha1"通道。

　　⑥复制通道。将Alpha1通道拖到通道调板的"创建新通道"按钮上，创建Alpha1通道的一个副本"Alpha1拷贝"，此时通道调板如图11-32所示。

　　⑦在通道里编辑文字。按住"Ctrl"键单击"Alpha1拷贝"缩览图，获得Alpha1拷贝的选区，单击菜单"选择"→"修改"→"羽化"，羽化半径为"8"像素，单击菜单"选择"→"修改"→"收缩"，收缩量为"5"像素，单击菜单"选择"→"反向"，填充为"黑色"，单击菜单"选择"→"反向"，选择图层调板，新建图层，填充颜色"#cbff2e"，效果如图11-33所示。按"Ctrl+D"键取消选择。

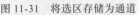

图 11-31　将选区存储为通道

图 11-32　通道调板

图 11-33　编辑文字效果

⑧调整色阶。选择图层调板，单击如图11-34所示的"创建新的填充或调整图层"按钮，在弹出的快捷菜单中选择"色阶"命令，调整色阶，其设置如图11-35所示。调整色阶效果如图11-36所示，图像整体变得清亮。

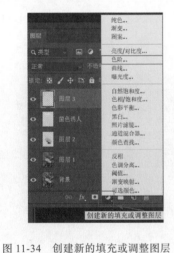

图 11-34　创建新的填充或调整图层

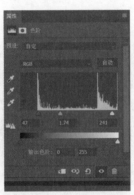

图 11-35　调整色阶

图 11-36　调整色阶效果

⑨添加其他效果。为"菌色诱人"文字所在图层添加投影效果。用矩形工具和动感模糊滤镜制作如图11-37所示的发光线。添加文字："挡不住的菇香，来自大自然的馈赠"，设置半透明底图。同学们用前面所学知识完成如图11-38所示画面中其他效果制作。

图 11-37　发光线

图 11-38　其他效果

⑩保存文件，其文件名为"香菌广告.jpg"。

案例二　冰爽可口

①打开素材。打开"电子素材"/"11"/"任务二"/"案例二"文件夹中如图11-39所示"冰块.jpg"素材图片。

图 11-39　冰块

图 11-40　载入红通道

图 11-41　水珠

②抠冰块。打开通道调板，选中红通道，单击"将通道作为选区载入"按钮，载入如图11-40所示的红通道信息，即得到冰块轮廓的选区，按"Ctrl+C"键复制冰块。

③打开素材。打开"电子素材"/"11"/"任务二"/"案例二"文件夹中如图11-41所示"水珠.jpg"素材图片。

图 11-42　粘贴冰块

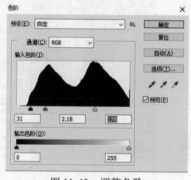
图 11-43　调整色阶

图 11-44　冰块干净清亮

④粘贴冰块。按"Ctrl+V"键将冰块粘贴到水珠文件中，效果如图11-42所示。冰块看起来不是很干净，按"Ctrl+L"键，弹出"色阶"对话框，调整参数如图11-43所示，单击"确定"按钮，看到冰块变得干净清亮，如图11-44所示，将图层名改为"冰块"。

⑤打开素材。打开"电子素材"/"11"/"任务二"/"案例二"文件夹中如图11-45所示"草莓.jpg"素材图片。

⑥抠草莓。打开通道调板，选中蓝通道，按住鼠标左键不放，拖动鼠标到右下方的"创建新通道"按钮上，然后松开左键，这时会在通道中得到一个"蓝副本"通道。在蓝副本通道中将需要的部分涂白，不需要的部分涂黑，效果如图11-46所示。

⑦复制草莓。选中蓝副本通道，单击"将通道作为选区载入"按钮，得到草莓轮廓的选区，单击RGB通道，按"Ctrl+C"键复制草莓。选择"水珠.jpg"文件，按"Ctrl+C"键粘贴草莓，新生成图层1，更改图层名称为"草莓"，效果如图11-47所示。

图 11-45　草莓

图 11-46　抠草莓

图 11-47　复制草莓

⑧打开素材。打开"电子素材"/"11"/"任务二"/"案例二"文件夹中如图11-48所示"杯子.jpg"和如图11-49所示"瓶子.jpg"素材图片。

⑨添加素材。同学们用所学的知识将杯子、瓶子抠取出来复制到"水珠.jpg"文件中，调整位置和大小，效果如图11-50所示。将瓶子复制两层，分别修改色相饱和度，最终完成效果如图11-27所示。

⑩保存文件，将文件命名为"冰爽可口.jpg"。

图 11-48　杯子

图 11-49　瓶子

图 11-50　添加杯子、瓶子

小技巧

通道抠图比较适合外形复杂的图像。通道抠图时，常常选择所抠对象与背景对比度强的通道进行复制，然后在通道里将需要的图像部分处理成白色，不需要的图像部分处理成黑色。

任务三

NO.3

掌握图层蒙版与剪贴蒙版的应用

◆ 任务概述

通过完成下列案例，学会利用图层蒙版进行图像的合成，理解剪贴蒙版是通过使用处于下方图层的形状，来限制使用上方图层的形态，达到一种剪贴画的效果。

◆ 教学案例

1.亦真亦假（见图11-51）

图 11-51　亦真亦假

2.拼贴照片（见图11-52）

图 11-52　拼贴照片

◆ 案例要点

◎亦真亦假：添加图层蒙版，编辑图层蒙版，达到图像无缝拼接效果。

◎拼贴照片：运用剪贴蒙版制作照片拼贴效果。

◆ 演示案例

案例一　亦真亦假

①打开素材。打开"电子素材"/"11"/"任务三"/"案例一"文件夹中如图11-53所示"素材1.jpg"和如图11-54所示"素材2.jpg"文件。将素材2拖动到素材1文件窗口中，调整位置至如图11-55所示。

图 11-53　素材 1　　　　　图 11-54　素材 2　　　　　图 11-55　调整素材 2 位置

②添加蒙版。单击如图11-56所示"添加图层蒙版"按钮，为素材2添加图层蒙版。

③填充渐变。按字母键"D"，使拾色器前景色和背景色还原为默认的黑白色，选择"渐变工具"，设置渐变填充模式为"线性渐变"，勾选其属性栏上的"反向"，在两个图像交接处按住"Shift"键的同时从上往下拖动鼠标填充渐变，此时图层调板如图11-57所示。在蒙版上填充渐变后的效果如图11-58所示，看起来两张图很自然地拼接在一起。

图 11-56　添加图层蒙版

图 11-57　图层调板

图 11-58　填充线性渐变

④变换效果。若设置渐变填充模式为"径向渐变"，勾选其属性栏上的"反向"，拖动鼠标填充渐变，可得到如图11-59所示的效果。

⑤编辑蒙版。在径向渐变所在的蒙版上，用"画笔工具"选择白色柔角画笔在左下角涂抹，可得到如图11-60所示的效果。图层调板如图11-61所示。同学们选择黑色画笔去试试看有什么效果，这是为什么呢？好好领会后面的小知识。

⑥效果满意后保存文件，文件名自定。

图 11-59　填充径向渐变

图 11-60　画笔涂抹效果

图 11-61　图层调板

小知识

图层蒙版可以用来遮蔽整个图层组或者只遮蔽单个图层，图层蒙版也可以进行各种编辑，因为图层蒙版是256色灰度图像，所以用黑色绘制的内容将会隐藏，用白色绘制的内容将会显示，而用灰色绘制的内容将以半透明的方式显示。

案例二　拼贴照片

①打开素材。打开"电子素材"/"11"/"任务三"/"案例二"文件夹中如图11-62所示"素材.jpg"文件。

②复制背景图层。按"Ctrl+J"键复制"背景"图层为"背景副本"图层。

③制作黑色底图层。按"Ctrl+Shift+N"键，新建"图层1"，填充为黑色。

④制作矩形图层。按"Ctrl+Shift+N"键，新建"图层2"，用矩形工具的"填充像素"画矩形。按住"Ctrl"键单击图层2，获得矩形选区。

⑤制作描边图层。按"Ctrl+Shift+N"键，新建"图层3"，单击菜单"编辑"→"描边"，弹出"描边"对话框，选择描边宽度为"10"和颜色为"白色"，单击"确定"按钮。

⑥链接图层。将矩形图层和描边图层进行链接，图层调板如图11-63所示。

⑦运用剪贴蒙版。将"背景副本"图层移动至"图层2"和"图层3"之间，并将其"锁定"，按住"Alt"键，将鼠标指针放在"背景副本"图层与图层2之间的分隔线上，当鼠标指针变成向下的箭头时单击，或者单击菜单"图层"→"创建剪贴蒙版"，此时图层调板如图11-64所示，完成效果如图11-65所示。

图 11-62　照片素材　　图 11-63　链接图层　　图 11-64　图层调板　　图 11-65　运用剪贴蒙版

⑧创建新组。选择"图层2""背景副本"和"图层3"，拖至图层调板上"创建新组"按钮上，自动创建"组1"如图11-66所示。

⑨复制组并移动矩形块的位置。按"Ctrl+J"键复制生成"组 1 副本"，展开如图11-67所示图层调板左侧的下拉按钮。为了防止背景图层被拖走可将其锁定，用移动工具拖动"图层2"，也就是矩形块的位置，即可显示照片素材的另外一小块内容，效果如图11-68所示。

⑩照片拼接效果。用同样的方法复制组并改变矩形块的位置和方向，最后完成照片拼接效果，如图11-69所示。

⑪按"Ctrl+S"键保存文件。

图 11-66　创建新组　　图 11-67　图层调板　　图 11-68　复制组　　图 11-69　最终完成效果

相关理论

1.通道的实质与通道的分类

Photoshop采用特殊灰度通道来存储图像颜色信息和专色信息。如果图像含有多个图层，则每个图层都有其自身的一套颜色通道。色彩通道是图像的颜色信息。打开图像时，自动创建颜色信息通道，所创建的颜色通道的数量取决于图像的颜色模式。RGB颜色模式的图像有4个通道，CMYK模式的图像有5个通道。

Alpha通道是与图像文件（包括选区和其他效果）同时存储的灰度蒙版。Alpha通道将选区存储为8位灰度图像。可以使用Alpha通道创建并存储蒙版，这些蒙版可以处理、隔离和保护图像的特定部分。

（1）认识通道调板

打开一个RGB模式的图像文件，单击菜单"窗口"→"通道"，通道调板如图11-70所示。

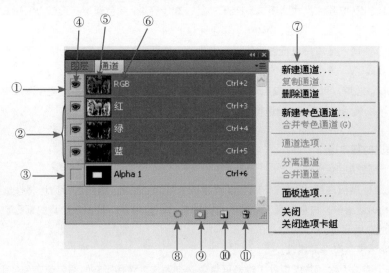

图 11-70　通道调板

①复合通道：由R、G、B3种颜色的光线构成。

②单色通道：用不同的灰度级别（0~255）记录颜色信息。

③Alpha通道：是用户自行创建的，主要功能是保存编辑选区。

④显示/隐藏图标。

⑤缩览图。

⑥通道名称。

⑦调板菜单：单击可弹出调板菜单，对通道进行操作。

⑧将通道作为选区载入：单击该按钮，可将通道作为选区载入。

⑨将选区存储为通道：在存在选区的情况下，单击该按钮，可从选区创建Alpha通道。

⑩创建新通道：直接单击可创建Alpha通道，也可将已有通道拖至该按钮上复制成新通道。

⑪删除当前通道：选择要删除的通道，拖至该按钮，可删除通道。

（2）通道的实质

在三色圆实例中，为什么3个原色通道里填充的白色圆会在RGB通道里显示成红、绿、蓝，两两相交部分分别显示为青色、品红、黄色，三色相交部分显示为白色呢？

RGB模式其实是由红（R）、绿（G）、蓝（B）3种颜色的光线构成，主要应用于显示器屏幕的显示，因此也被称为色光模式。每一种颜色的光线从0～255被分成256个色阶，0表示这种光线没有，255表示这种光线是最饱和的状态，因此就形成了RGB这种色光模式。3种光线两两相加，又形成了青色、品红、黄色。

光线越强，颜色越亮，在各自的通道里就越趋向白色。当3种光线的亮度值在0～255并且相等时，产生灰色。当3种光线的亮度值都是255时，产生纯白色。而当所有亮度值都是0时，产生纯黑色。所以RGB模式被称为色光加色法。红、绿、蓝3个通道被称为原色通道，它们不过就是普通的灰度图像，用不同的灰度级别（0～255）记录颜色信息，RGB通道是三原色通道混合后形成的图像显示。

（3）通道分类

在Photoshop中共包括了3种类型的通道，即颜色信息通道、专色通道和Alpha通道。

◎颜色信息通道：是在打开新图像时自动创建的。图像的模式决定了所创建的颜色通道的数目。例如，RGB颜色模式的图像有RGB、红、绿、蓝4个颜色通道，而CMYK模式的图像则有CMYK、青色、洋红、黄色、黑色5个颜色通道。

◎专色通道：是用户自行创建的，在出片时生成第5块色版，即专色版，用于专色油墨印制的附加版或UV、烫金、烫银的特殊制作工艺。

◎Alpha通道：也是用户自行创建的，主要功能是保存编辑选区，一些在图层中不易得到的选区，可以灵活使用Alpha通道得到。

2.通道的基本操作

（1）创建Alpha通道

单击通道调板底部的按钮就可以新建一个Alpha通道，创建的新通道将按创建顺序命名。在Alpha通道中，白色是最后要载入选择的部分，黑色是不被载入选择的部分，透明的部分以不同的灰度显示。

Alpha通道具有下列属性：

◎每个图像（除16位图像外）最多可包含24个通道，包括所有的颜色通道和Alpha通道。

◎所有的通道都是8位灰度图像，可显示256级灰阶。

◎可为每个通道指定名称、颜色、蒙版选项和不透明度。

◎所有的新通道都具有与原图像相同的尺寸和像素数目。

◎可以使用绘画工具、编辑工具和滤镜编辑Alpha通道中的蒙版。

◎可以将Alpha通道转换为专色通道。

（2）复制通道

激活通道调板，选择要复制的通道，将该通道拖到"创建新通道"按钮上就可以了。有些时候需要把通道中做好的效果复制到图层中进行操作，可以按"Ctrl+A"键全选通道，然后按"Ctrl+C"键将其复制，在图层调板中进行粘贴就可以了。

（3）删除通道

在通道面板中选择要删除的通道，直接将该通道拖移到按钮上即可。

（4）把通道载入选区

按住"Ctrl"键的同时单击要选择的通道名称，就可以把该通道载入选区，或者选择该通道，直接单击通道面板底部的按钮。

3.通道的编辑操作

（1）使用滤镜编辑通道

使用Photoshop提供的各种滤镜编辑通道，可以轻松制作出丰富多彩的选区效果。

（2）使用图像调整命令编辑通道

一些用于调整图像亮度及对比度的命令也可用于编辑通道，例如色阶、曲线等。

（3）使用绘图工具编辑通道

绘图工具在编辑通道时常起到辅助与修饰作用。

4.图层蒙版

图层蒙版可用于为图层增加屏蔽效果，可以通过改变图层蒙版不同区域的灰度，来控制图像对应区域的显示或透明程度。

图层蒙版中黑色区域部分可以使图像对应的区域被隐藏，显示下一层的图像。蒙版中白色区域部分可使图像的区域显示。蒙版中灰色区域部分，则会使图像对应的区域成为半透明状态。

（1）添加图层蒙版

◎添加白色蒙版：选择要添加图层蒙版的图层，单击"添加图层蒙版"按钮 ◎ 或单击菜单"图层"→"图层蒙版"→"显示全部"，即为图层添加了一个默认填充白色的蒙版。显示该层全部内容。

◎添加黑色蒙版：选择添加蒙版的图层，按住"Alt"键，单击"添加图层蒙版"按钮 ◎ 或单击菜单"图层"→"图层蒙版"→"隐藏全部"，即为图层添加了一个默认填充黑色的蒙版。隐藏该层全部内容。

（2）删除图层蒙版

删除图层蒙版只是单纯地将图层蒙版删除，而不对图像进行任何修改，就像从未添加过图层蒙版一样。在图层蒙版缩览图上右击，在弹出的快捷菜单中选择"删除图层蒙板"命令，或者单击菜单"图层"→"图层蒙板"→"删除"。

5.剪贴蒙版

剪贴蒙版是Photoshop中的一条命令，也称剪贴组，该命令是通过使用处于下方图层的形状来限制上方图层的显示状态，达到一种剪贴画的效果。

（1）创建剪贴蒙版

单击菜单"图层"→"创建剪贴蒙版"或按"Alt+Ctrl+G"键。也可以按住"Alt"键，在两图层中间出现图标后单击左键。建立剪贴蒙版后，上方图层缩略图缩进，并且带有一个向下的箭头。

（2）释放剪贴蒙版

创建了剪贴蒙版以后，当用户不再需要时，可以单击菜单"图层"→"释放剪贴蒙版"或按"Alt+Ctrl+G"键，也可以按住"Alt"键，在两图层中间出现图标后单击左键。

小知识

①蒙版与Alpha通道两者的异同：

◎相同点：它们都是256色灰色图像，并且都可以使用绘画工具、编辑工具和滤镜对其进行编辑。在蒙版和通道中，需要的部分以白色显示，不需要的部分以黑色显示，透明度部分以不同的灰度显示。

◎不同的是蒙版具有保护图像作用，而通道储存选区功能更强大一些。它们之间又可以相互转换，临时蒙版可以转换为永久性Alpha通道，通道制作的复杂选区也可能转换为蒙版。

②剪贴蒙版与图层蒙版两者的区别：

◎从形式上看，普通的图层蒙版只作用于一个图层，给人的感觉好像是在图层上面进行遮挡一样。但剪贴蒙版却是对一组图层进行影响，而且是位于被影响图层的最下面。

◎普通的图层蒙版本身不是被作用的对象，而剪贴蒙版本身又是被作用的对象。

◎普通的图层蒙版仅仅是影响作用对象的不透明度，而剪贴蒙版除了影响所有图层的不透明度外，其自身的混合模式及图层样式都将对图层产生直接影响。

实　训

书籍封面设计

◆ 完成效果

完成效果如图11-71所示。

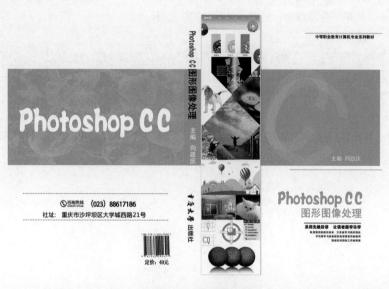

图 11-71　书籍封面设计

◆ **实训目的**

会制作书籍封面，会利用剪贴蒙板拼图，会进行文字编辑，会在Alpha通道中抠图。

◆ **技能要点**

◎利用参考线布局。

◎利用剪贴蒙板拼图。

◎文字处理。

◎通道抠图。

◎调整色阶。

◆ **操作步骤**

①新建文档。设置宽度为"44.6厘米"，高度为"30.3厘米"，分辨率为"300像素/英寸"，颜色模式为"RGB"，背景内容为"白色"，单击"创建"按钮。

②设置标尺。按"Ctrl+R"键显示标尺，用鼠标在标尺上右击，弹出如图11-72所示的快捷菜单，设置标尺单位为"厘米"。

③布局设计。从标尺上拖出参考线，四边出血线均为"0.3厘米"，中间书脊宽度为"2厘米"，如图11-73所示。

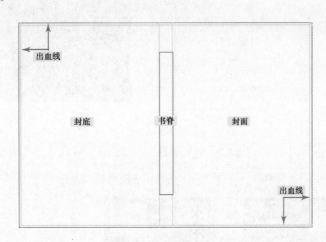

图 11-72　设置标尺单位　　　　　　图 11-73　布局设计

④绘制底图。选择矩形工具，设置填充颜色为"#4cbbff"，描边无，在画布中单击，在弹出的窗口中设置如图11-74所示，创建矩形，拖到垂直标尺"6.5厘米"处，效果如图11-75所示。

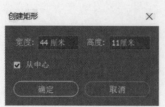

图11-74 创建矩形

图11-75 制作底图

⑤制作封面侧栏。选择矩形工具，设置填充颜色为"#f5f0f0"，在画布上拖出宽"7厘米"、高"29.7厘米"的矩形条，如图11-76所示。为其设置图层样式，选择"投影"，其参数设置如图11-77所示。

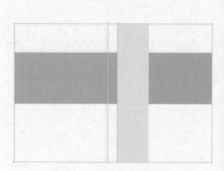

图 11-76 绘制侧栏

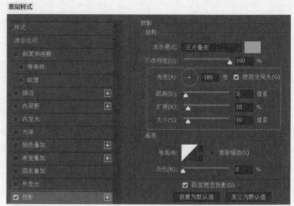

图 11-77 图层样式——投影

⑥打开素材。打开"电子素材"/"11"/"实训"文件夹中如图11-78所示的15个素材文件，用剪贴蒙版等前面所学知识，完成如图11-79所示的侧栏拼图。

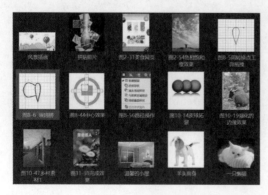

图 11-78 素材文件

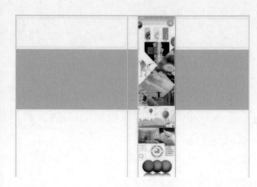

图 11-79 侧栏拼图

⑦输入文字。输入文字"中等职业教育计算机专业系列教材"，字体为"黑体"，字号为"13点"，颜色为黑色，如图11-80所示。

⑧输入文字。输入文字"C"，字体为"黑体"，字号为"412点"，颜色为白色，不透明度设为"10%"。按"Ctrl+J"键复制一层，变换一下，效果如图11-81所示。输入文字"主编 向政庆"。

⑨输入文字。输入文字"Photoshop CC"，字体为"方正胖娃_GBK"，字号为"55点"，颜色为"#4cbbff"，输入文字"图形图像处理"，字体为"黑体"，字号为"33点"，添加矩形黑色分隔线。输入文字"采用先做后讲　让读者愿学乐学"。输入区块文字"既掌握实际操作技术　又系统学习相关理论　不仅使学习者能轻松地掌握软件的使用更能应对实际工作的需要"，设置文字右对齐。完成效果如图11-82所示。

图 11-80　输入文字　　　　　　图 11-81　变换 CC　　　　　　图 11-82　输入文字

⑩制作书脊。用"直排文字工具"输入文字"Photoshop CC图形图像处理"，字体为"黑体"，字号为"30点"，颜色为黑色。输入文字"主编 向政庆"，字体为"黑体"，字号为"21点"，颜色为白色。输入文字"重庆大学"，字体为"书体坊米芾体"，字号为"25点"，颜色为黑色。输入文字"出版社"，字体为"黑体"，字号为"20点"，颜色为黑色。效果如图11-83所示。

⑪制作封底图。打开冰块素材文件，选择通道调板，选中红通道，单击"将通道作为选区载入"按钮，得到冰块轮廓的选区，按"Ctrl+C"键复制冰块。按"Ctrl+V"键将冰块粘贴到封底。按"Ctrl+L"键调整色阶，使得冰块变得干净清亮，效果如图11-84所示，设置不透明度为"35%"。输入文字"Photoshop CC"，字体为"方正胖娃_GBK"，字号为"100点"，颜色为白色。效果如图11-85所示。

⑫制作封底其他内容。输入文字，添加虚线分隔线，拖入二维码。效果如图11-86所示。最终效果如图11-71所示。保存文件。

图 11-83　制作书脊　　　图 11-84　制作封底图　　　图 11-85　输入文字　　　图 11-86　制作其他内容

小知识

安装字体：把字体文件夹下的所有字体文件，拷贝到C:\WINDOWS\Fonts中即可。

◆ 课后练习

上机题

（1）海市蜃楼。

打开"电子素材"/"11"/"作业"/"素材"/"海市蜃楼"文件夹中，如图11-87所示的素材。制作完成如图11-88所示的效果。

图 11-87　素材　　　　　　　　　　　图 11-88　海市蜃楼

提示：拖曳"楼房.jpg"及"人物.jpg"到"背景.jpg"文件窗口中。用通道抠图技巧抠出人物，调整人物图层色彩平衡为暖色。给楼房添加图层蒙版，在图层蒙版上填充适当渐变，设置楼房图层的混合模式为"滤色"。

（2）冰酷柠檬。

打开"电子素材"/"11"/"作业"/"素材"/"冰酷柠檬"文件夹中如图11-89所示的素材。制作完成如图11-90所示的效果。

提示：打开"冰块.jpg"，复制"红"通道，调整色阶。载入冰块的选区，切换到图层面板，复制冰块到新图层，设置该层的混合模式为"线性减淡"。拖曳"柠檬.jpg"到背景层的上方。

图 11-89　素材　　　　　　　　　　图 11-90　冰酷柠檬

（3）火龙。

打开"电子素材"/"11"/"作业"/"素材"/"火龙"文件夹中如图11-91所示的素材。制作完成如图11-92所示的效果。

图 11-91　火龙素材　　　　　　　　　　　　图 11-92　火龙

提示：打开"龙.jpg"，切换到通道面板，复制"红"通道，反相，载入龙的选区。切换到图层面板，复制龙到新图层。拖曳"火焰.jpg"到龙图层的上方，创建剪贴蒙版。

模块十二
图像自动处理与GIF动画制作

任务自动化可以节省时间，并确保多种操作的结果一致性。Photoshop提供了多种自动执行任务的方法：批处理、PDF演示文稿、Photomerge、裁剪并修齐照片等。

学习目标

⊕ 掌握批处理的应用

⊕ 掌握动作的记录和播放

⊕ 学会创建GIF动画

任务一

掌握图像自动处理的方法

◆ **任务概述**

完成下列案例，掌握图像自动处理的方法，会用Photomerge拼接全景照片，会创建动作批量处理文件。

◆ **教学案例**

1.用Photomerge拼接照片（见图12-1）

图 12-1 拼接照片

2.张家界云雾图组（见图12-2）

图 12-2 张家界云雾图组

◆ **案例要点**

◎用Photomerge拼接照片：用Photoshop中的Photomerge拼接全景照片。

◎张家界云雾图组：自定义动作，批量处理图像。

◆ **演示案例**

案例一 用Photomerge拼接照片

①添加素材。

启动Photoshop，单击菜单"文件"→"自动"→"Photomerge"，选择"浏览"按钮，添加准备拼接的3张照片素材，如图12-3所示。其他设置默认，单击"确定"按钮。这时需要等一段时间。

校门右　　　　　　　　　　校门中　　　　　　　　　　校门左

图 12-3　校门素材

②修剪照片。用裁剪工具对照片进行裁剪，完成校门全景图的拼接，如图12-1所示。

注意

用Photomerge拼接全景照片时，拍摄的照片素材最好要在同一水平线上拍摄。

案例二　张家界云雾图组

①打开文件。打开"电子素材"/"12"/"任务一"/"案例二"文件夹中如图12-4所示"0.jpg"文件。

②创建新组。单击菜单"窗口"→"动作"（或按"Alt+F9"键），打开"动作"调板，在"动作"调板上单击如图12-5所示的"创建新组"按钮，在弹出的窗口中命名为"自定"。

图 12-4　素材 1　　　　　　　　图 12-5　创建新组

③创建新动作。在"动作"调板上单击如图12-6所示的"创建新动作"按钮，在弹出的如图12-7所示的"新建动作"对话框中命名"云雾"，此时开始进入录制动作状态。

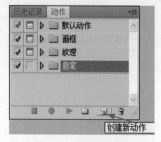

图 12-6　创建新动作　　　　　　　图 12-7　为新动作命名

④录制动作。新建图层，填充为"黑色"，执行"分层云彩"滤镜，图层混合模式设为"滤色"，透明度为"69%"，此时图层面板如图12-8所示，完成效果如图12-9所示。按"Ctrl+E"键向下合并图层，按"Ctrl+S"键保存文件，关闭窗口。单击"动作"调板上如图12-10所示的"停止播放/记录"按钮。

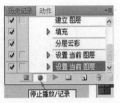

图 12-8　图层面板　　　　图 12-9　添加云雾效果　　　图 12-10　停止播放 / 记录

⑤批处理。单击菜单"文件"→"自动"→"批处理"，在弹出的"批处理"对话框中设置如图12-11所示的参数。单击"选择"按钮，选择图组所在的文件夹位置，单击"确定"按钮，将自动对指定文件夹中的图像逐一添加云雾效果，如图12-12所示。同学们请注意：在执行批处理命令前，先将素材文件夹复制一份，不然会全部添加了云雾效果哟！

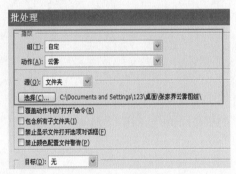

图 12-11　批处理

张家界风景

图 12-12　张家界云雾图

任务二

会创建GIF动画

◆ 任务概述

通过完成下列案例，学会创建GIF动画。

◆ 教学案例

1.制作QQ表情动画（见图12-13）　　　2.创建时间轴动画（见图12-14）

图 12-13　制作 QQ 表情动画　　　　　图 12-14　小球动画

◆ 案例要点

◎制作QQ表情动画：3个图层上分别有3个不同表情的图片，动画调板上有3帧，每帧显示不同图层，调整播放时间即可制作帧动画。

◎创建时间轴动画：利用时间轴，启用位置秒表，移动小球位置，制作小球动画。

◆ 演示案例

案例一　制作QQ表情动画

①打开"电子素材" / "12" / "任务三" / "案例一" / "QQ表情素材"文件夹中3个图片素材，如图12-15所示。

图 12-15　QQ 表情素材

②拖入素材。将"2.png""3.png"素材文件拖入"1.png"文件窗口中，对齐图片。

③复制所选帧。单击菜单"窗口"→"时间轴"，打开"时间轴"调板，选择"创建帧动画"，单击"复制所选帧"按钮两次，如图12-16所示。

图 12-16 动画面板

④制作动画。选中动画面板上的第1帧，按"F7"键打开图层面板，显示图层0，隐藏图层1和图层2。选中动画面板上的第2帧，在图层面板上，显示图层1，隐藏图层0和图层2。选中动画面板上的第3帧，在图层面板上，显示图层2，隐藏图层0和图层1。

⑤调整播放时间。选中第1帧，按住"Shift"键的同时单击第3帧，选取所有帧，将时间设定为"0.5 s"。

⑥播放动画。单击如图12-16所示的"播放动画"按钮，即可欣赏动画。

⑦保存文件。单击菜单"文件"→"存储为Web所用格式"，设置文件格式类型为"GIF"，单击"存储"按钮，在弹出的对话框中输入文件名"QQ表情动画.gif"，选择保存位置，最后单击"保存"按钮。

注意

保存文件格式类型一定要设为GIF，否则动画不会动。

⑧添加到QQ表情中。打开QQ，单击如图12-17所示的"选择表情"按钮，弹出"表情管理"对话框，如图12-18所示。单击"添加"按钮，弹出如图12-19所示的"添加自定义表情"对话框，单击"浏览"按钮，找到存放的文件即可。

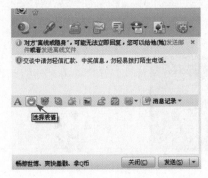

图 12-17 选择表情　　　　图 12-18 添加表情　　　　图 12-19 添加自定义表情

案例二　创建时间轴动画

①新建文档，设置文档宽度、高度为"500像素×500像素"，分辨率为"72像素/英寸"，颜色模式为"RGB"，背景为"白色"。

②拖入球体。打开"电子素材"/"12"/"任务二"/"案例二"/"小球动画"文件夹中小球素材，拖入至如图12-20所示的位置。

图 12-20　拖入球体　　　　　　　　　　　图 12-21　时间轴窗口

③打开时间轴窗口。单击菜单"窗口"→"时间轴"，打开如图12-21所示的时间轴窗口，单击"创建视频时间轴"按钮，时间轴编辑窗口变成如图12-22所示的效果。

④启用位置秒表。单击如图12-22所示"图层"下拉按钮，弹出效果如图12-23所示。单击"位置"项，启用位置秒表。

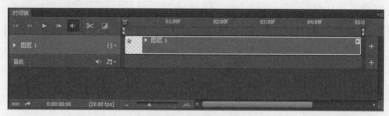

图 12-22　时间轴编辑窗口

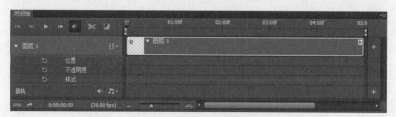

图 12-23　启用位置秒表

⑤拖动"当前时间指示器"。拖动"当前时间指示器"至"01：00f"处，如图12-24所示。

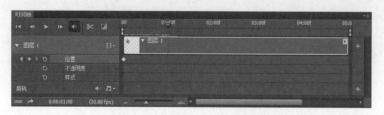

图 12-24　拖动"当前时间指示器"　　　　　　　图 12-25　改变小球位置

⑥改变小球位置。拖动文档窗口中的小球位置至如图12-25所示，自动添加关键帧。

⑦添加关键帧。使用同样的方法分别在"02：00f""03：00f""04：00f""05：00f"处随意改变小球的位置，会自动添加图12-26所示的关键帧。

⑧播放动画。单击如图12-27所示的播放按钮，即可欣赏小球动画。

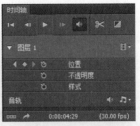

图 12-26　添加关键帧　　　　　　　　　　　图 12-27　播放按钮

⑨保存文件。单击菜单"文件"→"存储为Web所用格式"，设置文件格式类型为"GIF"，单击"存储"按钮，在弹出的对话框中输入文件名"小球动画.gif"，设置保存位置，单击"保存"按钮。

相关理论

1.记录/播放动作

（1）动作的概念

Photoshop中的动作实质是一系列操作的集合。可以将一系列的操作、命令及命令参数依次记录成单独的动作，以供执行相同操作时使用，从而提高工作效率。

（2）动作调板

动作调板用来编辑和管理动作。单击菜单"窗口"→"动作"（或按"Alt+F9"键），可打开动作调板，如图12-28所示。

图 12-28　动作调板

①切换项目开、关 ☑：控制播放动作时是否排除某些操作命令。黑钩表示在播放该动作时所有操作都将执行；红钩则表示在播放该动作时只有部分操作将执行；不显钩表明播放动作时不执行该操作命令。

②切换对话开\关 ☐：控制播放动作时是否显示操作命令的对话框。黑色表示在播放动作命令时会暂停并弹出对话框，用户设置后再继续执行；红色表示在播放该动作时只有部分操作执行时会暂停并弹出对话框；不显示则播放该动作时不暂停。

③展开动作 ▷：控制是否展开该动作或动作文件夹。

④停止播放/记录 ☐：停止当前动作的录制或播放。

⑤开始记录 ●：开始录制新动作。

⑥播放选定的动作 ▷：执行当前选中的动作或操作。

⑦创建新动作 🗋：在当前文件夹中创建新动作。

2.自动和脚本

在对大批量的图像进行相同的处理时，可以通过"文件"菜单下提供的"自动"（见图12-29）和"脚本"（见图12-30）下的相关命令来完成，可大大提高工作效率，减少重复工作量。

批处理(B)...
PDF 演示文稿(P)...
创建快捷批处理(C)...
裁剪并修齐照片
联系表 II...
Photomerge...
合并到 HDR Pro...
镜头校正...
条件模式更改...
限制图像...

图 12-29　自动命令

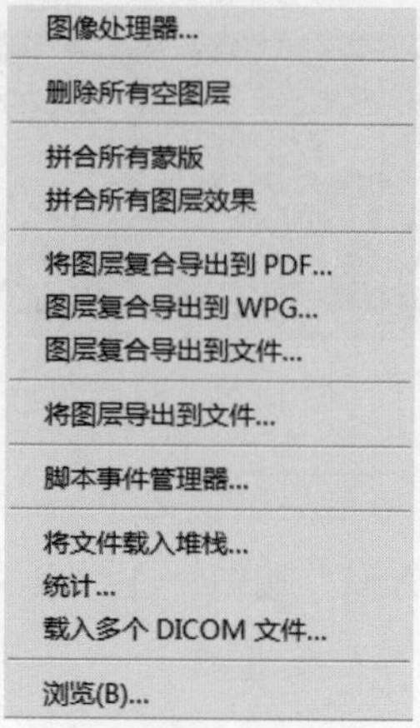

图像处理器...
删除所有空图层
拼合所有蒙版
拼合所有图层效果
将图层复合导出到 PDF...
图层复合导出到 WPG...
图层复合导出到文件...
将图层导出到文件...
脚本事件管理器...
将文件载入堆栈...
统计...
载入多个 DICOM 文件...
浏览(B)...

图 12-30　脚本命令

◎批处理。批处理命令可以对一个文件夹中的多个文件运行已定义的动作，达到自动快速处理目的。

◎裁剪并修齐照片。裁剪并修齐照片是一个非常智能化的命令，只需要对一张大图像中的小图像区域设置大于3 mm的间隔，直接应用此命令，可将大图像自动裁剪并修齐成若干小图像。

◎图像处理器。图像处理器可以批量转换和处理文件，可以处理.psd、.jpeg等格式的文件和相关原始数据文件。

◎图层复合。图层复合是Photoshop中很有特色的一个功能。图层复合记录了图层调板中图层的当前状态，可以将各图层当前的位置、透明度、样式等信息存储起来，以便提供给客户不一样的设计结果。

3.创建GIF动画

所谓动画，就是用多幅静止画面连续播放，利用视觉暂留形成的连续影像。在Photoshop中只能制作简单动画，要想制作专业的动画，还得要用专门的动画制作软件才行。单击菜单"窗口"→"时间轴"，可打开动画调板。动画面板分为如图12-31所示的帧动画和如图12-32所示的时间轴动画两种，两种调板可以相互切换。

帧动画：每个帧有不同的静态图像，让帧进行连续播放就形成了简单动画。帧上内容显示与否，在图层面板上设置显示或隐藏图层即可。

时间轴动画：时间轴主要是控制动画每个动作的过渡时间而产生的。

①播放动画：单击此按钮可播放制作的动画。

②过渡动画帧：可在两帧之间添加过渡效果，使得在两帧间切换动画时显得自然。

③复制所选帧：可复制所选的帧，以便更改帧上显示的内容。

④切换动画面板：可在帧动画面板和时间轴动画面板之间切换。

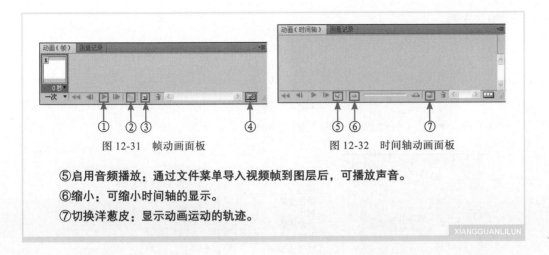

图 12-31　帧动画面板　　　　　图 12-32　时间轴动画面板

⑤启用音频播放：通过文件菜单导入视频帧到图层后，可播放声音。

⑥缩小：可缩小时间轴的显示。

⑦切换洋葱皮：显示动画运动的轨迹。

XIANGGUANLILUN

实　训

自制照片挂上墙

◆ 完成效果

完成效果如图12-33所示。

图 12-33　自制照片挂上墙

◆ 实训目的

掌握载入动作的方法，会使用已有动作处理图像。

◆ 技能要点

◎载入动作。

◎播放已有动作制作。

◎调整图层顺序和调色。

◆ 操作步骤

①单击菜单"窗口"→"动作"（或按"Alt+F9"键），打开动作调板，如图12-34所示。

②载入动作。在动作调板菜单中选择"载入动作"命令，分别载入如图12-35所示的"纹理"和"画框"。此时动作调板如图12-36所示。

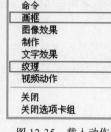

图12-34　动作调板　　　　图12-35　载入动作　　　　图12-36　动作调板

③打开素材。打开"电子素材"/"12"/"实训"文件夹中如图12-37所示的"照片素材.jpg"文件。

④播放动作。选择"纹理"中的"砖墙"，单击"动作"调板上如图12-38所示的播放按钮。会根据选定的动作文件自动进行操作处理。播放"砖墙"动作后的效果如图12-39所示。

图12-37　照片素材　　　　图12-38　播放动作　　　　图12-39　播放"砖墙"
　　　　　　　　　　　　　　　　　　　　　　　　　　　　动作后的效果

⑤调整图层顺序。此时图层调板如图12-40所示。双击"背景"图层，使其变成"普通"图层，其名称为"图层0"。调整图层顺序，此时图层调板如图12-41所示。

⑥调整照片大小。选择"图层0"，按"Ctrl+T"键，再按"Shift+Alt"键，从中心成比例缩小照片，如图12-42所示。

图 12-40　图层调板　　　　图 12-41　调整图层顺序　　　　图 12-42　调整照片大小

⑦添加画框。隐藏Bricks图层，选择"画框"中的"木质画框-50像素"，单击动作调板上的播放按钮，调整画框大小与照片大小匹配，显示砖墙图层，效果如图12-43所示。

⑧调色。用色相/饱和度调整画框颜色，颜色自定，完成效果如图12-44所示。还可以设计如图12-45所示的透视效果。

⑨单击菜单"文件"→"存储为"，将文件命名为"自制照片挂上墙.jpg"。

图 12-43　添加画框　　　　图 12-44　完成效果　　　　图 12-45　透视效果

◆ 课后练习

上机题

（1）设计如图12-46所示四季变化动画（参看"电子素材"/"12"/"作业"/"参考作品"）。

图 12-46　四季变化

提示：用动画调板上的过渡动画帧，添加图片之间的过渡效果，产生四季变化。

（2）如图12-47所示的素材制作灌篮高手GIF动画（参看"电子素材"/"12"/"作业"/"参考作品"）。

图 12-47　灌篮高手

提示：用给定的5张大象投篮图像，制作GIF动画，让其连续播放。

（3）自由创作一个帧动画或时间轴动画。